風が強くなる！
あしたの天気は……
天候は…

これだけは…
知っておきたい!

武田 康男 監修

天気の大常識
（てんき）（だいじょうしき）

風はどうしておこるの？ 季節風
どうしてふくの？ ジェット
風を利用しよう 気圧って
高気圧・低気圧って、なに？
高気圧にはどんな種類があるの？
高気圧だと、なぜ天気がいい
低気圧にはどんな種類があるの
低気圧だと、なぜ天気がわるいの
線って、なんだろう？
なにからできているの
空にうかんでいられ
ます 飛行機
がうの？ 雨
どんな雲
なぜ雨の季節か
稲妻や雷鳴は、
天気雨
虹は、
はどうしてふ
とひょう
台風とその
一生をたと
まきはど
気予報は、い
新聞の天気図のよみかたは？
気象予報士になるには、

これだけは知っておきたい

天気の大常識

もくじ

Dr.《ドクター》アメダス

雨の日も
気象観測《きしょうかんそく》してみたら
たのしくすごせるわ
テルテル

その4　台風とたつまきのふしぎ

その5　天気図をよんで天気予報《よほう》をしよう!

ここまで読んだら
きみも
気象予報士《きしょうよほうし》に
なれるかも…？

●表紙の写真：2003年9月11日午前4時の気象衛星《きしょうえいせい》ゴーズからの赤外《せきがい》画像《がぞう》。日本列島《れっとう》の南方に見える雲の渦《うず》が台風14号。この台風は宮古《みやこ》島で、最低気圧《さいていきあつ》912ヘクトパスカルを観測《かんそく》。これは、観測史上《かんそくしじょう》、歴代《れきだい》4位《い》の記録《きろく》だ。

天気の超《ちょう》きほん

きみも気《き》象《しょう》予《よ》報《ほう》士《し》になれる！

ガラッ
ガラッ
ん？
心配《しんぱい》はいらんぞ あしたは晴れじゃ…
わしは Dr.《ドクター》・アメダス
うわっ！
わたしはテルテル
どうしてそんなことわかるの？
はぁ～びっくりしたよ…
ドキッ
ドキッ
それは わしが毎日 空の
ようすや空気のようすを観察《かんさつ》して
いるからじゃ そのような
気象観測《きしょうかんそく》をつづけていれば 明日《あした》の
天気予報《よほう》だってできる もちろん
はずれてしまうこともあるが
ばっちりあたることだってある
そんな仕事をする人を気象予報士《きしょうよほうし》
というんじゃ 天気予報《よほう》はみぢかな
気象観測《きしょうかんそく》からもはじめられる
つぎのページからきみにもできる
気象観測《きしょうかんそく》のやりかたが
のっているぞ
へぇ～、ぼくもやってみよっと
おじゃましてます～

だれでもできる気象観測《きしょうかんそく》

大気のようすを記録《きろく》しよう

「気象《きしょう》」というのは、地球をとりまく大気（空気の層《そう》）の状態《じょうたい》と、そこでおこるさまざまな大気現象《げんしょう》のことだ。気象《きしょう》はつねに変化《へんか》し、雨、風、台風などをもたらし、ときに壮大《そうだい》なドラマをくりひろげたりする。その変化《へんか》を、きみの目で見て、はだで感じて、観測《かんそく》ノートに記録《きろく》してみよう。日々の観測《かんそく》をとおして、天気のかわる前ぶれや、季節《きせつ》の移《うつ》りかわっていくようすがわかるだろう。これで、きみも気《き》象予報士《しょうよほうし》の仲間《なかま》いりだ。

ここにあげた気象観測《きしょうかんそく》は、身のまわりにあるものを使って、かんたんにできる方法《ほうほう》だ。

全部でなくてもいいから、きみがやれるものからはじめよう。

天気をしらべよう

なるべく広く空を見わたせる場所に立ち、空のようすを観察《かんさつ》して、晴れやくもり、雨など、天気の種類《しゅるい》（119ページ）を観測《かんそく》ノートに記録《きろく》しよう。午前9時など時間をきめて、毎日おこなうことがたいせつだ。

気温をはかろう

「気温」とは、空気の温度のこと。のき下や木かげなど、直射《ちょくしゃ》日光のあたらない、風通しのよいところに温度計をおき、1日に1～2回、時間をきめてはかるようにしよう。

休みの日など、1～2時間ごとにはかって、その日の気温の変化《へんか》を細かく観測《かんそく》するのもよい。

▲地表からの影響《えいきょう》を直接《ちょくせつ》うけないよう、温度計は1.2～1.5mくらいの高さにおく。目もりは、まっすぐ横から見る。

▼1日の気温の変化《へんか》をグラフにしよう。

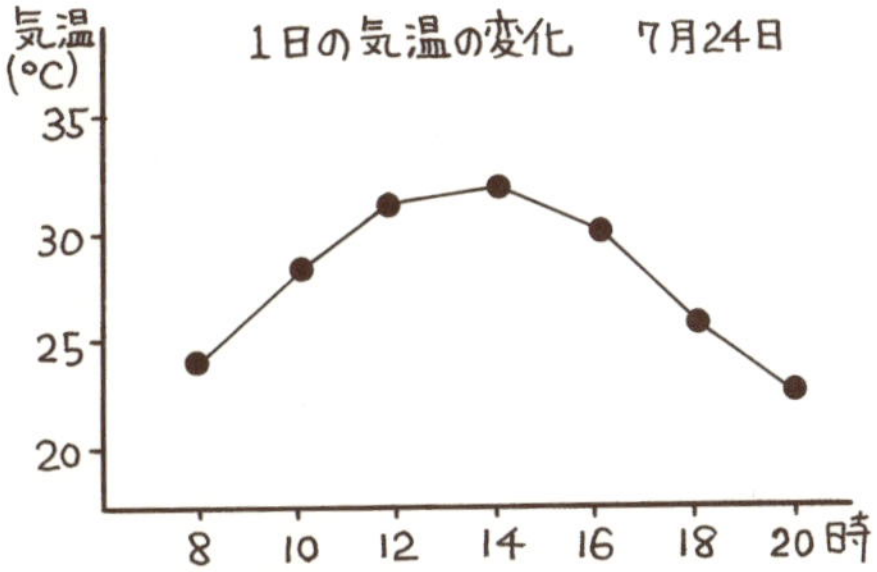

▼毎日の最高《さいこう》気温の変化《へんか》をグラフにしよう。

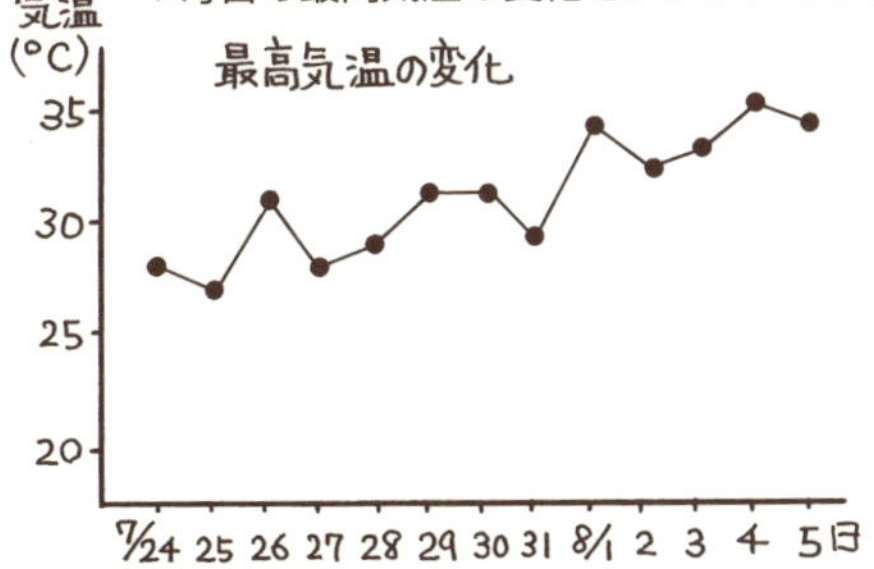

湿度《しつど》をはかろう

「湿度《しつど》」は、空気中にふくまれる水蒸気《すいじょうき》の割合《わりあい》のことだ。空気は気温によって、ふくむことのできる最大《さいだい》の水蒸気《すいじょうき》量《りょう》（飽和《ほうわ》水蒸気量《すいじょうきりょう》）がちがう（39ページ参照《さんしょう》）。その最大水蒸気量《さいだいすいじょうきりょう》に対して、今、大気中に何パーセントの水蒸気《すいじょうき》があるかをあらわすのが、湿度《しつど》だ。

こういうとちょっとむずかしそうだが、湿度《しつど》は「湿度計《しつどけい》」でかんたんにはかれる。気温と同じような条件《じょうけん》で、気温と同時にはかろう。

なお、学校などには「百葉箱《ひゃくようばこ》」という、観測《かんそく》の条件《じょうけん》をととのえた木の箱が設置《せっち》されていることがある。このなかには温度計や湿度計《しつどけい》、気圧計《きあつけい》などが入っている。

▶「乾湿計《かんしつけい》」という種類《しゅるい》の湿度《しつど》計《けい》。かたほう（左）がぬれた状態《じょうたい》になっている（湿球《しっきゅう》）。これと、右のかわいている温度計（乾球《かんきゅう》）との差《さ》をはかり、別《べつ》の表にあてはめて湿度《しつど》をもとめる。

▲温度計と湿度計《しつどけい》がひとつになった計器。左の目もりが温度、右の目もりが湿度《しつど》をしめす。

◀▲百葉箱《ひゃくようばこ》とそのなかのようす。観測用《かんそくよう》の計器類《けいきるい》が入っている。百葉箱《ひゃくようばこ》は全体を白くぬって、直射日光《ちょくしゃにっこう》で内部の温度が上がらないようにし、風通しをよくするために四方の壁《かべ》は2重のよろい戸になっている。

気《き》圧《あつ》をはかろう

人間は、大気の層《そう》の底《そこ》にすんでいるが、大気の重さを感じることはない。でも、じっさいには、おとなのてのひらくらいの面積《めんせき》（約《やく》100平方センチメートル）に、約《やく》100キログラムの大気の重さがかかっているのだ。

それなのになぜ、その重さを感じないかというと、人間の体のなかの圧力《あつりょく》が外の圧力《あつりょく》とつりあっているからだ。

この大気の重さによる圧力《あつりょく》を「気圧《きあつ》」という。気圧《きあつ》は、場所や時間によって刻々《こくこく》と変化《へんか》し、この気圧《きあつ》の変化《へんか》が気象《きしょう》に大きな影響《えいきょう》をあたえる。気圧《きあつ》の単位《たんい》はヘクトパスカル（hPa）で、気圧《きあつ》をはかる「気圧計《きあつけい》」には、「アネロイド気圧《きあつ》計《けい》」や「水銀気圧計《すいぎんきあつけい》」などがある。

大気の重さ

▲アネロイド指示気圧計《しじきあつけい》

気圧計《きあつけい》がないときは
学校などにあるのを
見るといいね
先生にたのんでね

▲アネロイド自記気圧計《じききあつけい》　気圧《きあつ》の変化《へんか》を自動《じどう》的《てき》に記録《きろく》する。

風をしらべよう

空気は、気圧《きあつ》の高いところから低《ひく》いところへ移動《いどう》する。この空気の流れが「風」だ。

風の観測《かんそく》の種類《しゅるい》としては、風のふいてくる方向をしらべる「風向《ふうこう》」や、風のはやさをはかる「風速《ふうそく》」がある。「風向風速計《ふうこうふうそくけい》」を使うと、その両方が観測《かんそく》できる。

また、機器《きき》を使わなくても、まわりのようすから、「風力《ふうりょく》」という階級《かいきゅう》（左ページ参《さん》照《しょう》）で風の強さをあらわす方法《ほうほう》もある。

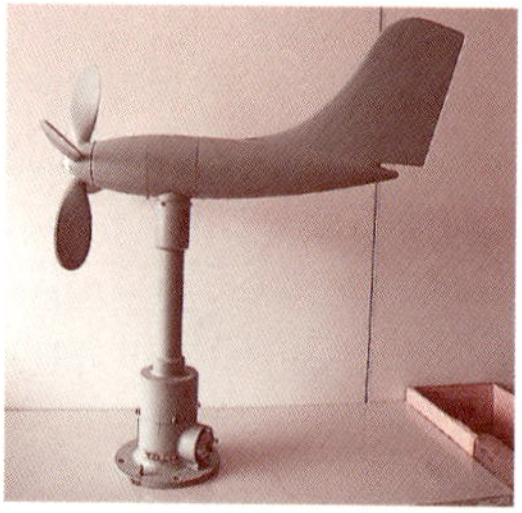

▲風をはかる代表的《だいひょうてき》な機器《きき》の風車型風向風速計《ふうしゃがたふうこうふうそくけい》。正式な風向《ふうこう》や風速《ふうそく》は、地上10mの高さで、10分間はかった平均《へいきん》できめる。

▲棒《ぼう》の先にリボンなどを結《むす》んで、風向《ふうこう》をしらべることができるよ。リボンが南東に流れたら、「北西の風」だ。

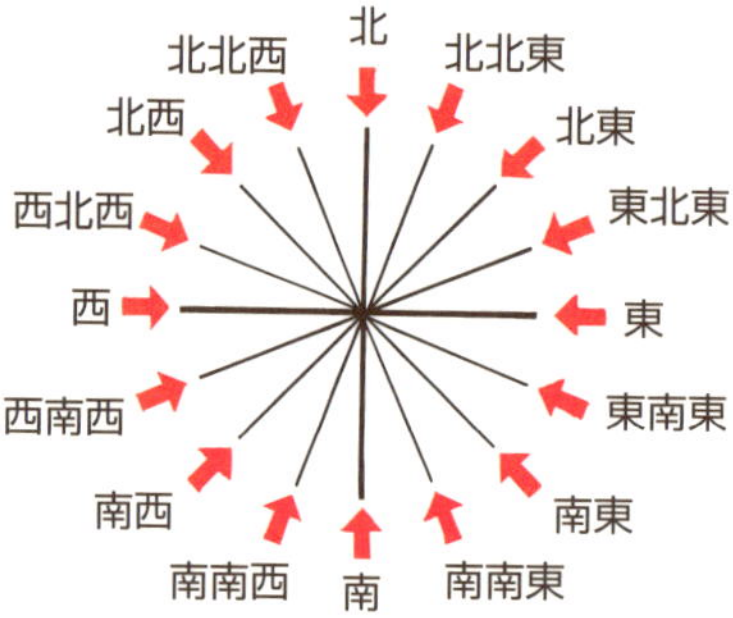

▲風向《ふうこう》は、風のふいてくる方向を16方位《ほうい》でしめす。北から南にふく風は「北の風」となる。

▶風力《ふうりょく》は煙《けむり》や木の葉などを観察《かんさつ》し、左ページの表にあてはめる。

気象庁風力階級表《きしょうちょうふうりょくかいきゅうひょう》

目で見たようすから風の強さを階級《かいきゅう》としてあらわす。1805年にイギリス海軍《かいぐん》のビューフォートが考えだしたもので、ビューフォート風力階級表《ふうりょくかいきゅうひょう》ともいう。

風力《ふうりょく》階級《かいきゅう》	陸上《りくじょう》での状態《じょうたい》	地上10mでの風速《ふうそく》（m/秒*）	風力《ふうりょく》記号
0	静《しず》かで、おだやか。 煙《けむり》はまっすぐにのぼる。	0.0〜0.2	
1	風向《ふうこう》は煙《けむり》がなびくので わかる。 	0.3〜1.5	
2	顔に風を感じる。 木の葉が動く。	1.6〜3.3	
3	木の葉や細い小枝《こえだ》が たえず動く。 	3.4〜5.4	
4	砂《すな》ぼこりがたち、紙片《しへん》が まいあがる。小枝《こえだ》が動く。	5.5〜7.9	
5	葉のあるかん木《ぼく》がゆれはじめ る。池など水面に波頭《なみがしら》がたつ。 	8.0〜10.7	
6	大枝《おおえだ》が動く。電線が鳴る。 傘《かさ》がさしにくい。	10.8〜13.8	
7	樹木《じゅもく》全体がゆれる。 風に向かって歩きにくい。 	13.9〜17.1	
8	小枝《こえだ》が折《お》れる。 風に向かって歩けない。	17.2〜20.7	
9	家屋《かおく》の煙突《えんとつ》がたおれ、 かわらがはがれる。 	20.8〜24.4	
10	樹木《じゅもく》がたおれ、 家屋《かおく》に大損害《だいそんがい》がおこる。	24.5〜28.4	
11	広い範囲《はんい》の破壊《はかい》を ともなう。 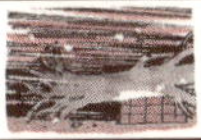	28.5〜32.6	
12	ーーーー	32.7以上《いじょう》	

*m/秒は、1秒間《びょうかん》に何mすすむかをあらわす単位《たんい》。

降《こう》水《すい》量《りょう》をはかろう

空からは雨や雪、ひょうなどがふってくる。これらを水の状態《じょうたい》にして、一定の時間内にどれだけの深さになったかをあらわすのが「降水量《こうすいりょう》」だ。雨だけのときは「雨量《うりょう》」ともいう。単位《たんい》はミリメートルを使う。

かんたんにはかるときは、あきかんなどを使うとよい。正確《せいかく》にはかるときは「雨量計《うりょうけい》」を使う。代表的《だいひょうてき》なものに「貯水型雨量計《ちょすいがたうりょうけい》」と「転倒《てんとう》ます型《がた》雨量計《うりょうけい》」がある。

降水量《こうすいりょう》は少なくとも1日に1回ははかろう。たくさん雨がふるようなときは、1時間ごとの雨量《うりょう》をはかってみよう。また、ふりはじめからあがるまでの雨量《うりょう》なども、しらべてみよう。

▶あきかんでもおおよその雨量《うりょう》ははかれる。上と下が同じ太さのあきかんで、水の深さをはかる。

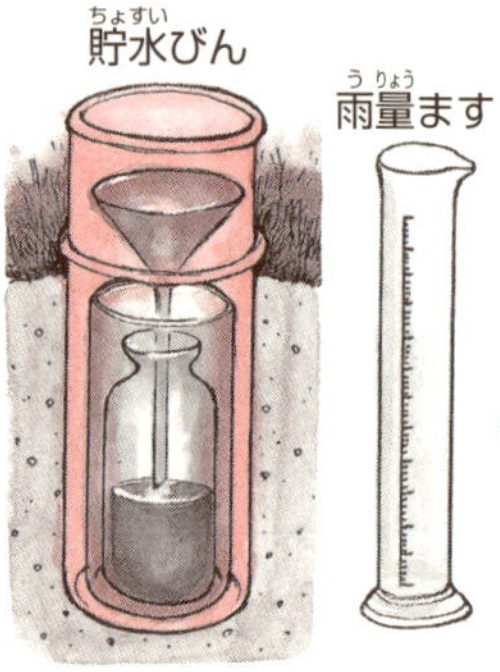

◀**貯水型雨量計《ちょすいがたうりょうけい》**　貯水《ちょすい》びんにたまった水を雨量《うりょう》ますにあけて、目もりをよむ。

雪の深さをはかろう

雪の深さには「積雪《せきせつ》の深さ」と「降雪《こうせつ》の深さ」がある。積雪《せきせつ》の深さは、つもっている雪の深さのこと。雪の少ない場合は、ものさしではかってもよい。雪の多い地方では「雪尺《ゆきじゃく》」を使う。

降雪《こうせつ》の深さは、ある時間内にふりつもった新しい雪（新雪《しんせつ》）の深さのこと。雪の多い地方では「雪《ゆき》板《いた》」を使う。

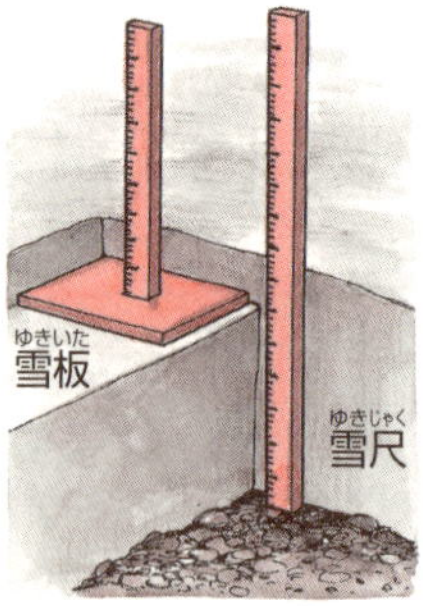

▲**雪尺《ゆきじゃく》と雪板《ゆきいた》**　雪板《ゆきいた》につもった雪は観測後《かんそくご》はらっておく。

観《かん》測《そく》した結《けっ》果《か》をまとめよう

ここまでのページで気《き》象《しょう》観《かん》測《そく》の方《ほう》法《ほう》はわかったかな？　これらの結《けっ》果《か》はきちんとノートにまとめておくことがたいせつ。観《かん》測《そく》する項《こう》目《もく》を整理して、下の図のような「観《かん》測《そく》ノート」をつくると、便《べん》利《り》だろう。

観《かん》測《そく》した結《けっ》果《か》は、１か月や1年の単《たん》位《い》で、表やグラフなど見やすい形にまとめてみよう。

もっと、いろいろやってみよう！

基《き》本《ほん》的《てき》な気《き》象《しょう》観《かん》測《そく》になれてきたら、つぎのようなことをやってみるのも、おもしろいよ。

- 植物や動物の季《き》節《せつ》的《てき》な変《へん》化《か》をしらべる
- 雲をひとつの場所で毎日、観《かん》測《そく》する
- いろいろな雲の写真をとる
- 1、3、5km先など距《きょ》離《り》のちがう目《もく》標《ひょう》物《ぶつ》（ビルや山など）をきめ、それが見えるかどうか毎日しらべる

天気図もかいてみよう

天気図づくりにも挑《ちょう》戦《せん》してみよう。そして、自分が観《かん》測《そく》したせまい地《ち》域《いき》の天気が、天気図とどのようなかかわりがあるのか、しらべてみよう。

つぎの日…
やったー!!!
晴れてる~
チッ
チッ
チッ
チッ
チッ
チッ
この本を読めばもっとお天気のことがくわしくわかるぞ
お弁当《べんとう》、お弁当《べんとう》~
いってきまーす!
たのしいわよ!

天気の大常識…

その1

大気と風のしくみをさぐろう!?

風

風はどうしておこるの？

風のおこるしくみ

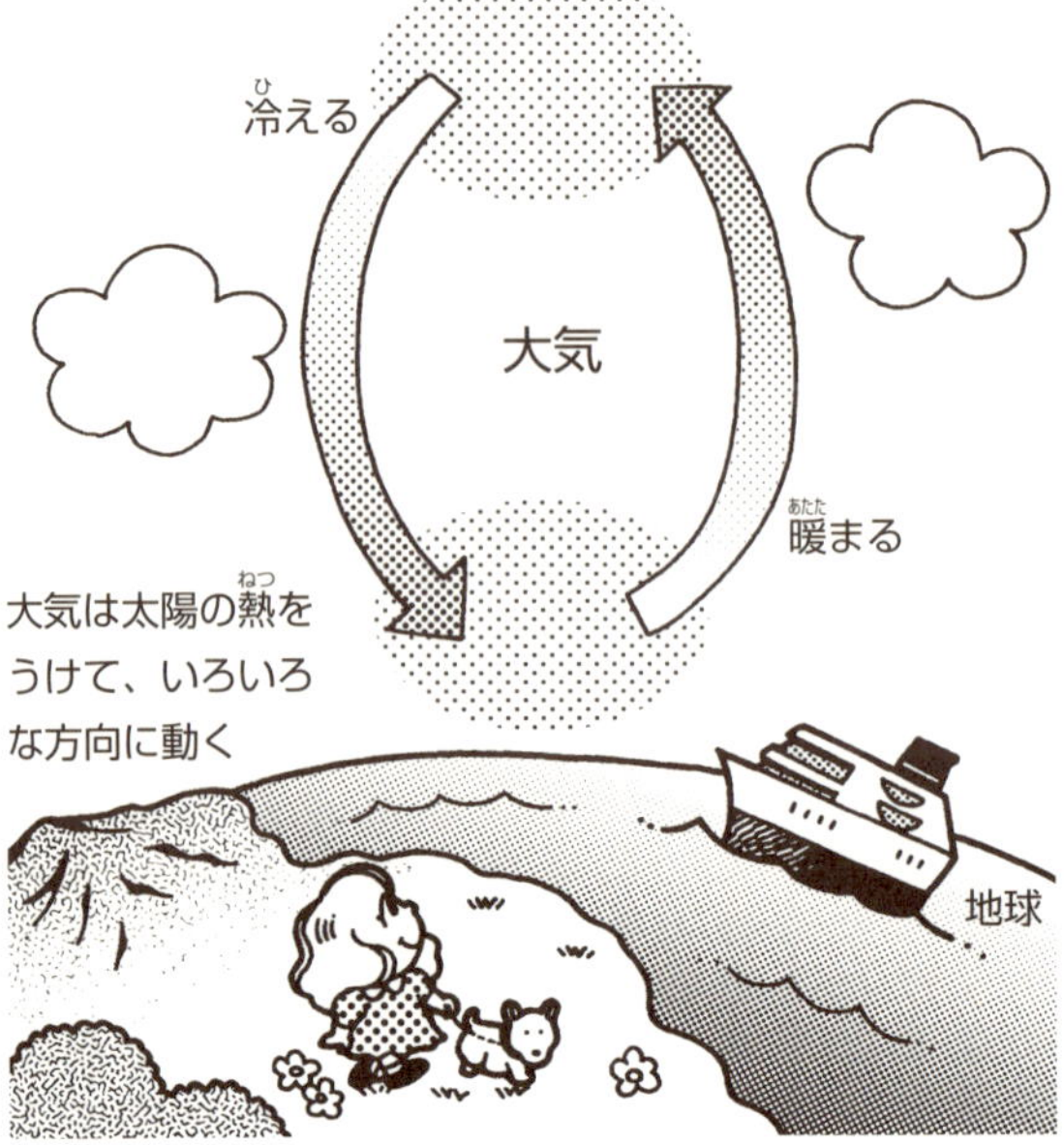

外の空気が冷《つめ》たく風がないときに、暖《あたた》かい風呂《ふろ》場《ば》などで、窓《まど》をあけてみよう。すると、外の冷《つめ》たい空気がさっと流れこんでくる。この空気の流れが風だ。外の空気は冷《つめ》たく、風呂場《ふろば》の空気は暖《あたた》かい。かんたんにいえば、これが風のおこる原因《げんいん》だ。

風は、地球をとりまく空気の層《そう》、つまり大気の流れなのだ。空気は暖《あたた》められると体積《たいせき》がふくらみ、軽くなって上空へ上がっていく。このとき、気圧《きあつ》（空気がその重さによっておす力）が低《ひく》くなる。反対に、空気は冷《ひ》やされると体積《たいせき》がちぢんで重くなり、下へおりて気圧《きあつ》が高くなる。そして、おりてきた重い空気は軽い空気の下へもぐるように、地表付近《ふきん》を流れこんでいく。このとき、気温や気圧《きあつ》の差《さ》が大きければ大きいほど、強い風となる。

このように、気体《きたい》や液体《えきたい》が熱《ねつ》をはこんで流れることを「対流《たいりゅう》」という。大気の対流《たいりゅう》は、このような風がつくるのだ。

つぎのページから、Dr.《ドクター》アメダスの天気と気象《きしょう》のクイズがはじまるぞ。気象予報士《きしょうよほうし》になるための特訓《とっくん》じゃ。心して、かかれ！

風

海風《うみかぜ》と陸風《りくかぜ》のしくみ

夏に海水浴《かいすいよく》に行くと、海からすずしい風がふいてくる。夏だけでなく、よく晴れた日の海岸付近《ふきん》では、昼間、海から陸《りく》に向かって風がふくことが多い。夜は、反対に陸《りく》から海に向かってふく。海から陸《りく》への風を「海風《うみかぜ》」、その反対を「陸風《りくかぜ》」といい、あわせて「海陸風《かいりくふう》」とよんでいる。

昼間、日が照《て》ると陸《りく》は海より暖《あたた》まりやすいので、海上よりはやく気温が上がる。暖《あたた》められた空気は軽くなって上昇《じょうしょう》し、そこへ海からの冷《つめ》たくて重い空気が流れこんでくる。これが海風《うみかぜ》だ。

夜になると、陸《りく》は冷《ひ》えやすく、海のほうが暖《あたた》かくなるので、反対向きの陸風《りくかぜ》がおこる。朝と夕方は一時的《いちじてき》に陸上《りくじょう》と海上の気温が同じになり、風がやむ。これを「朝なぎ」「夕なぎ」とよんでいる。

海陸風《かいりくふう》と同じようにして、山の斜面《しゃめん》と谷間でも「山谷風《やまたにかぜ》」がおこる。昼間は谷をふきあげる「谷《たに》風《かぜ》」、夜は山からふきおろす「山風《やまかぜ》」となる。

地表付近《ふきん》の風は、たえず強くふいたり弱くふいたりしている。これをなんというか？　**1** 風の息《いき》　**2** 風の中休み　**3** 風のリズム　（答えはつぎのページ）

風

季《き》節《せつ》風《ふう》はどうしてふくの？

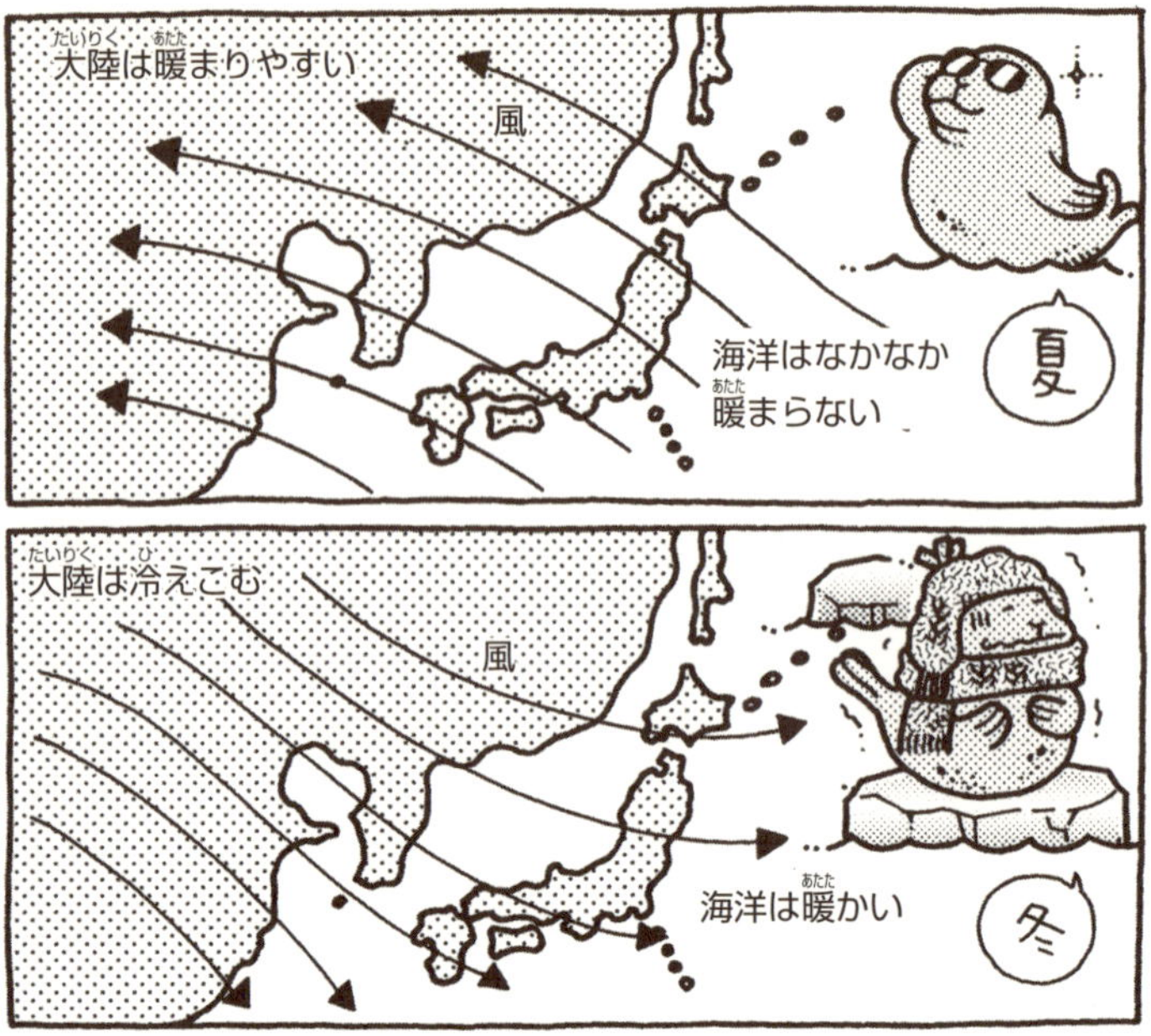

季《き》節《せつ》風《ふう》は、きまった季《き》節《せつ》にふく風だ。とくに夏と冬に、日本列《れっ》島《とう》全体のような広い範《はん》囲《い》にわたってたびたびふき、日本では夏に南よりの季《き》節《せつ》風《ふう》がふき、冬はその逆《ぎゃく》の北よりの季《き》節《せつ》風《ふう》が強い。

季《き》節《せつ》風《ふう》がふくしくみも、海《かい》陸《りく》風《ふう》と原《げん》理《り》は同じ（19ページ参《さん》照《しょう》）。日本列《れっ》島《とう》の西にある大《たい》陸《りく》（ユーラシア大《たい》陸《りく》）は、夏になると海洋（太《たい》平《へい》洋《よう》）よりはやく暖《あたた》められて、空気が上《じょう》昇《しょう》する。そこへ向かって、海洋から、日本列《れっ》島《とう》の上を通って流れこむ風が、南よりの季《き》節《せつ》風《ふう》だ。

その反対に、冬には大《たい》陸《りく》はすぐ冷《ひ》えこみ、さめにくい海洋のほうが、気温が高くなる。そこへ向かって、大《たい》陸《りく》の北の地シベリアから冷《つめ》たい北よりの季《き》節《せつ》風《ふう》がふきだすのだ。

19ページの答え **1 風の息《いき》**　地表付近《ふきん》の風は、地面のでこぼこや建物《たてもの》、樹木《じゅもく》などの影響《えいきょう》で、数秒から数十秒の周期《しゅうき》で強弱をくりかえしているのよ。

風

地球規模《きぼ》でふく風

大気の大循環《だいじゅんかん》と風系《ふうけい》

地球の北極《ほっきょく》や南極《なんきょく》では、気温が低《ひく》く、赤道付近《せきどうふきん》では気温が高い。この温度差《おんどさ》がもととなって、大気は、地球規模《きぼ》の大きな動きをしている。これを「大気の大循環《だいじゅんかん》」とよぶ。

北半球を例《れい》にとると、赤道付近《せきどうふきん》で熱《ねっ》せられて上昇《じょうしょう》した大気は、直接《ちょくせつ》、北極《ほっきょく》までめぐっていくのではなく、北緯《ほくい》30度あたりで下降《かこう》する。これがひとつの大きな大気の対流《たいりゅう》で、その北側《きたがわ》にさらに2つの対流《たいりゅう》がある。北半球には上の図のように、ハドレー循環《じゅんかん》・フェレル循環《じゅんかん》・極循環《きょくじゅんかん》と全部で3つの大きな対流《たいりゅう》がある。

これらの3つの大気の対流《たいりゅう》によって、地表近くでは、北東貿易風《ぼうえきふう》・偏西風《へんせいふう》・極偏東風《きょくへんとうふう》という、地球規模《きぼ》でふく3つの風系《ふうけい》がつくられる。このなかの偏西風《へんせいふう》は、日本の上空をふく風だ。これらの風は一年中ふいている。

地球の風については、わかったかの？　では、月の表面では、風はふくか？

1 ふく　**2** ふかない　**3** 条件《じょうけん》によってふく　（答えはつぎのページ）

風

ジェット気流《きりゅう》って、なに？

偏西風《へんせいふう》は中緯度地帯《ちゅういどちたい》（緯度《いど》30～60度あたり）の上空にふく地球規模《きぼ》の風だ。北極《ほっきょく》や南極《なんきょく》をとりまいて、大きく蛇行《だこう》しながら流れている。なかでも、風速《ふうそく》が毎秒30メートル以上《いじょう》の流れのはやい部分を「ジェット気流《きりゅう》」という。高度1万メートルの上空を、秒速100メートルでふくこともある。

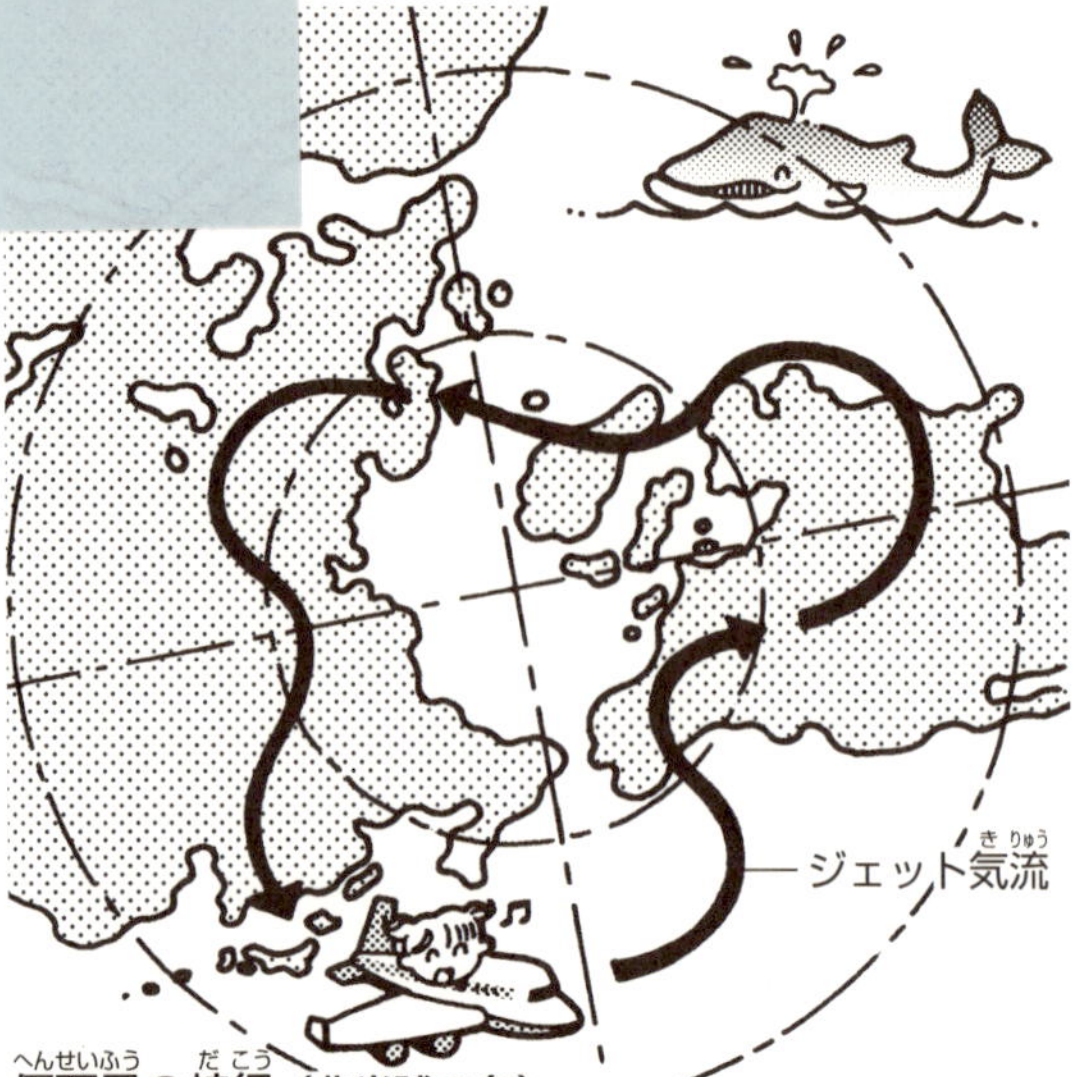

偏西風《へんせいふう》の蛇行《だこう》（北半球の冬）
偏西風《へんせいふう》のなかの、風速《ふうそく》が毎秒30m以上《いじょう》の風が、ジェット気流《きりゅう》だ。図は地球を北極側《ほっきょくがわ》から見たところ。

この風は、第二次世界大戦中《だいにじせかいたいせんちゅう》に、アメリカ軍《ぐん》がサイパンなどから日本の爆撃《ばくげき》に向かう際《さい》に発見された。現在《げんざい》、ジェット機《き》は西から東に向かうときは、この気流《きりゅう》にのって飛《と》んでいる。たとえば、日本からアメリカのロサンジェルスへ行く場合、ジェット気流《きりゅう》を利用《りよう》するので、帰りより1～2時間、飛行《ひこう》時間が短くてすむ。

偏西風《へんせいふう》やその一部のジェット気流《きりゅう》は、日本の気《き》象《しょう》に大きな影響《えいきょう》をあたえる。移動性高気圧《いどうせいこうきあつ》や低気《ていき》圧《あつ》はこれにのってやってくるし、台風の進路や梅《つ》雨《ゆ》いり梅雨《つゆ》あけの時期などにも関係《かんけい》している。

21ページの答え **2** ふかない　風は空気の流れ。月には大気がないので、風というものもない。

風

地形が生みだす局地風《きょくちふう》

日本のおもな局地風《きょくちふう》

気圧《きあつ》とともに地形などが原因《げんいん》となって、せまい範囲《はんい》にふく風を「局地風《きょくちふう》」という。農業や漁業《ぎょぎょう》など人びとのくらしに大きな影響《えいきょう》をおよぼすものが多いため、昔から特別《とくべつ》な名がつけられている。

山からふきおろす強風を「おろし」といい、「六《ろっ》甲《こう》おろし」や「赤城《あかぎ》おろし」「筑波《つくば》おろし」などが知られている。また、せまい谷間などから平野や海に向かってふきだす強風を「だし」という。これには「清川《きよかわ》だし」「荒川《あらかわ》だし」などがある。「肱川《ひじかわ》あらし」も、その仲間《なかま》だ。

「やませ」とは、北海道や東北などで夏にふく北東のしめった冷《つめ》たい風をいう。この風が7日以上《いじょう》もつづけてふくと、冷害《れいがい》をひきおこし、農作物などに大きな被害《ひがい》をもたらす。

ジェット気流《きりゅう》の「ジェット」は、どんな意味？　**1**「Z《ゼット》」のこと　**2**「はやい」という意味　**3** 細い管《くだ》などから液体《えきたい》や気体《きたい》が噴出《ふんしゅつ》すること　（答えはつぎのページ）

風

フェーン現象《げんしょう》って、なに？

フェーン現象《げんしょう》がおこるしくみ

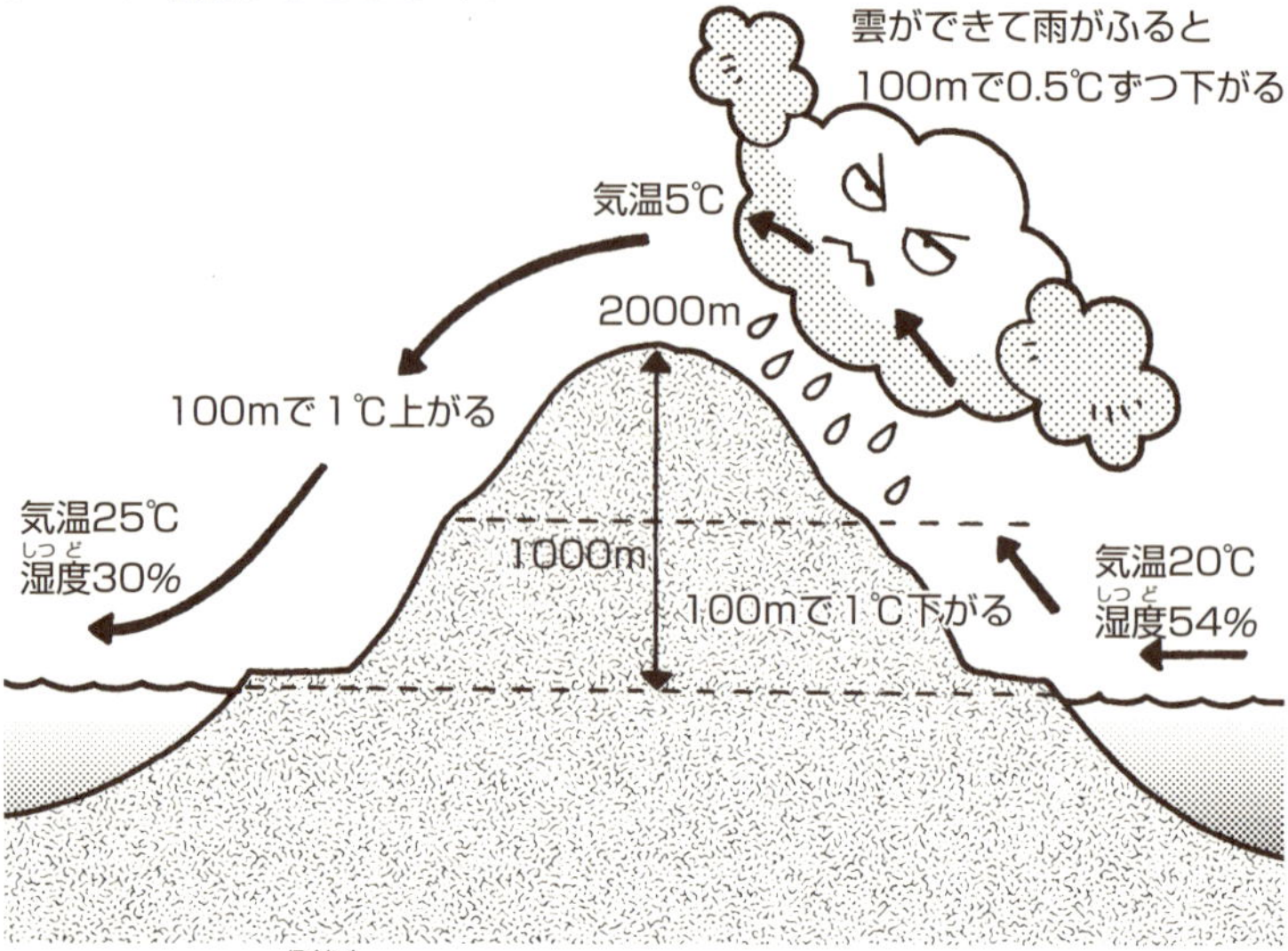

日本では山形県や北陸《ほくりく》地方でおこることが多い。

フェーン現象《げんしょう》は、しめった風が山脈《さんみゃく》をふきこえるときにおこる。風が山の斜面《しゃめん》をのぼるときは山腹《さんぷく》に雨をふらせ、尾根《おね》をこえると、かわいた高温の強風となってふきおりる現象《げんしょう》をさす。

典型的《てんけいてき》なフェーン現象《げんしょう》は、発達《はったつ》した低気圧《ていきあつ》や台風が日本海にあり、そこに向かって太平洋側《たいへいようがわ》から暖《あたた》かいしめった風が山脈《さんみゃく》をこえて斜面《しゃめん》をふきおりるときにおこりやすい。図のように、気温20度で湿度《しつど》54パーセントの風が、2000メートルの山をこえてふきおりると、気温は25度に上がり、湿《しつ》度《ど》は30パーセントに下がる。かわいた高温の強風により、山火事や雪崩《なだれ》などの災害《さいがい》がおきやすい。

ちなみに「フェーン」とは、スイスやオーストリアの谷間にふく、高温でかわいた風の名だ。

23ページの答え **3** 細い管《くだ》などから液体《えきたい》や気体《きたい》が噴出《ふんしゅつ》すること　ジェット気流《きりゅう》は「対流圏《たいりゅうけん》の上部に集中してふく強い気流《きりゅう》」と定義《ていぎ》されている。

風

風を利用《りよう》しよう

人間は昔から風車をつくって、風の力をエネルギーにかえてきた。17世紀《せいき》のオランダには、水をくみだすための風車が８０００基《き》もあったという。

現在《げんざい》も世界の各地《かくち》で、風車で電気をおこす風力発電がおこなわれている。日本では、２００７年３月現在《げんざい》、約１３００基《き》の風力発電用の風車が動いている。これによる発電量《はつでんりょう》は約《やく》150万キロワット。日本の総発電量《そうはつでんりょう》のなかでみれば、ほんのわずかだ。だが、自然《しぜん》の力を利用《りよう》した風力発電はクリーンな（きれいな）エネルギーを生む。風のもつ無限《むげん》の力をさらに活用したいものだ。

風車のほかに、スポーツや遊びでも風を利用《りよう》する。ヨット、ウインドサーフィン、パラグライダー、たこあげなどには、風は欠《か》かせない。

風を利用《りよう》した乗り物は、つぎのうちのどれ？

1 グライダー　**2** ジェットコースター　**3** 自転車　（答えはつぎのページ）

大気

気圧《きあつ》って、なんだろう？

わたしたちは大気（空気）の重さを感じないが、大気には重さがある。そして、大気はその重さで、地球上のものをあらゆる方向からおしている。大気がその重さによっておす力を「気圧《きあつ》」という。

気圧《きあつ》は目に見えないが、つぎのような実験《じっけん》をすると、ものに気圧《きあつ》がはたらいていることがわかる。コップに水を満《み》たし、紙でふたをして、手でおさえながら、さかさにする。すると、どうだろう、水も紙も落ちてこない。これは、紙の下から気圧《きあつ》がはたらいて、水と紙をおしあげているからだ。

大気は、ふつう1平方センチメートルの面積《めんせき》を、約《やく》1キログラムの重さでおしている。これを1気《き》圧《あつ》という。自分の体の10×10センチの面積《めんせき》が、100キログラムの大気の重さでおされている計算だ。それなのに、なぜ気圧《きあつ》を感じないかというと、体のなかからも同じ力でおしかえしているからだ。

この体に感じない気圧《きあつ》を最初《さいしょ》にはかったのは、イタリアの科学者トリチェリーで、１６４３年のこと。かれは、ガラス管《かん》に水銀《すいぎん》をつめて実験《じっけん》した。そこで気圧《きあつ》には水銀柱《すいぎんちゅう》を760ミリメートルおしあげる力（これが1気圧《きあつ》）があることを発見した。

ふつう、気圧《きあつ》にはヘクトパスカルという単位《たんい》を使う。1気圧《きあつ》は１０１３ヘクトパスカルだ。

気圧《きあつ》は、その場所から上にある大気の重さとほぼ等《ひと》しいので、標高《ひょうこう》が高くなれば、そのぶん上空の大気の量《りょう》がへり、気圧《きあつ》も低《ひく》くなる。海面（標高《ひょうこう》０メートル）が１０１３ヘクトパスカルのとき、富士山《ふじさん》の頂上《ちょうじょう》はだいたい638ヘクトパスカルになる。

25ページの答え **1** グライダー　これは、モーターもプロペラも使わず、気流《きりゅう》にのって滑空《かっくう》する飛行機《ひこうき》なのよ。

▼大気は重さはあっても、形がないので、あらゆる方向からおしつけてくる。これに対し、体のなかからも同じ力でおしかえしている。

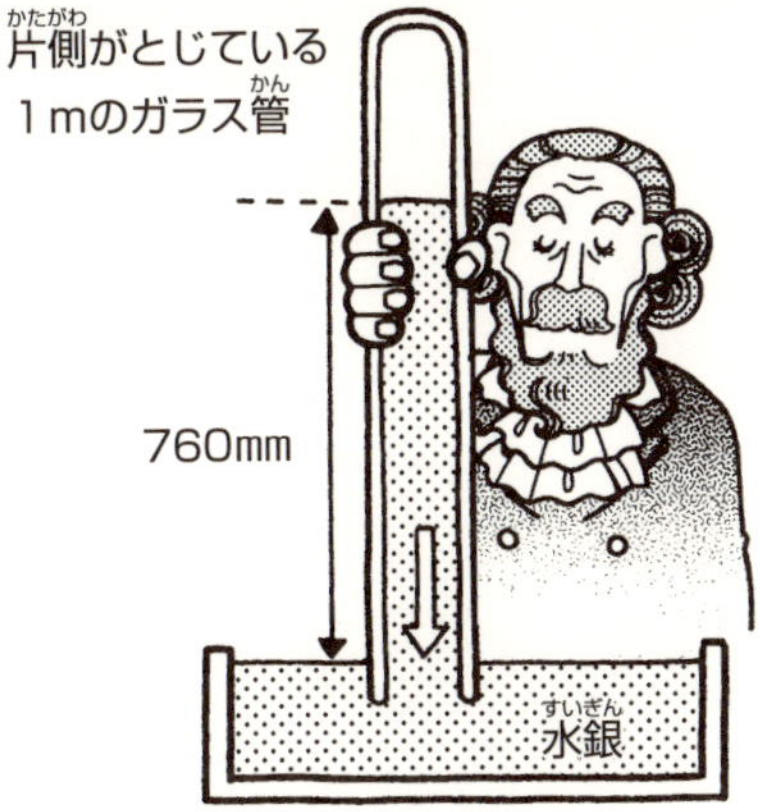

▲トリチェリーの気圧《きあつ》の実験《じっけん》
片側《かたがわ》のとじたガラス管《かん》に水銀《すいぎん》をつめ、それを水銀《すいぎん》の入った容器《ようき》にさかさに立てた。管《かん》の水銀《すいぎん》は高さ約《やく》760㎜のところまで下がって、とまった。この実験《じっけん》から、気圧《きあつ》には水銀柱《すいぎんちゅう》を760㎜おしあげる力（1気圧《きあつ》）があることがわかった。

▲水が落ちるのを気圧《きあつ》がささえる実験《じっけん》
ガラスのコップに水を満《み》たす。すこし厚《あつ》めの紙でふたをし、紙をおさえながら、コップをさかさにし、手をはなすと、どうなる？　水はこぼれない。下から大気が水をおしあげているのだ。

▼高度と気圧《きあつ》の関係《かんけい》

高度(m)	気圧《きあつ》(hPa)*
30000	12
10000	264
5000	540
3000	701
1000	899
500	955
100	1001
0	1013

＊「ヘクトパスカル」の記号は「hPa」。

密閉《みっぺい》したお菓子《かし》の袋《ふくろ》などを富士山《ふじさん》の頂上《ちょうじょう》まで運ぶと、どうなるか？　**1** ぺしゃんこにつぶれる　**2** ぱんぱんにふくらむ　**3** かわらない　（答えはつぎのページ）

大気

高気圧《こうきあつ》・低気圧《ていきあつ》って、なに？

高気圧《こうきあつ》・低気圧《ていきあつ》は、ある値《あたい》より高いか低《ひく》いかできまるわけではない。1020ヘクトパスカルの低気圧《ていきあつ》もあれば、1008ヘクトパスカルの高気圧《こうきあつ》もある。

気圧《きあつ》は標高《ひょうこう》が高いほど低《ひく》くなるが、では同じ標高《ひょうこう》の場所では、どこでも同じ気圧《きあつ》なのだろうか？答えはノーだ。大気は暖《あたた》められると軽くなり、冷《ひ》やされると重くなるので、同じ体積《たいせき》でも、気温によって重さがちがい、気圧《きあつ》がかわる。大気の温度は、場所によっても時間によっても変化《へんか》するので、気圧《きあつ》もたえず変化《へんか》している。そして、気圧《きあつ》が高い部分と低《ひく》い部分ができる。まわりより気圧《きあつ》が高い部分を「高気圧《こうきあつ》」、その反対にまわりより低《ひく》い部分を「低気圧《ていきあつ》」という。

天気図にひかれた、たくさんの線は、気圧《きあつ》の等《ひと》しいところを結《むす》んだ「等圧線《とうあつせん》」というもの。丸くとじた部分が高気圧《こうきあつ》や低気圧《ていきあつ》だ。高気圧《こうきあつ》や低気圧《ていきあつ》のときの天気については30、32ページを見てみよう。

27ページの答え **2** ぱんぱんにふくらむ　富士山《ふじさん》の頂上《ちょうじょう》では気圧《きあつ》が平地の3分の2なので、大気が袋《ふくろ》を外からおす力が弱まり、袋《ふくろ》はふくらむ。

移動性高気圧《いどうせいこうきあつ》のなかの天気のようす

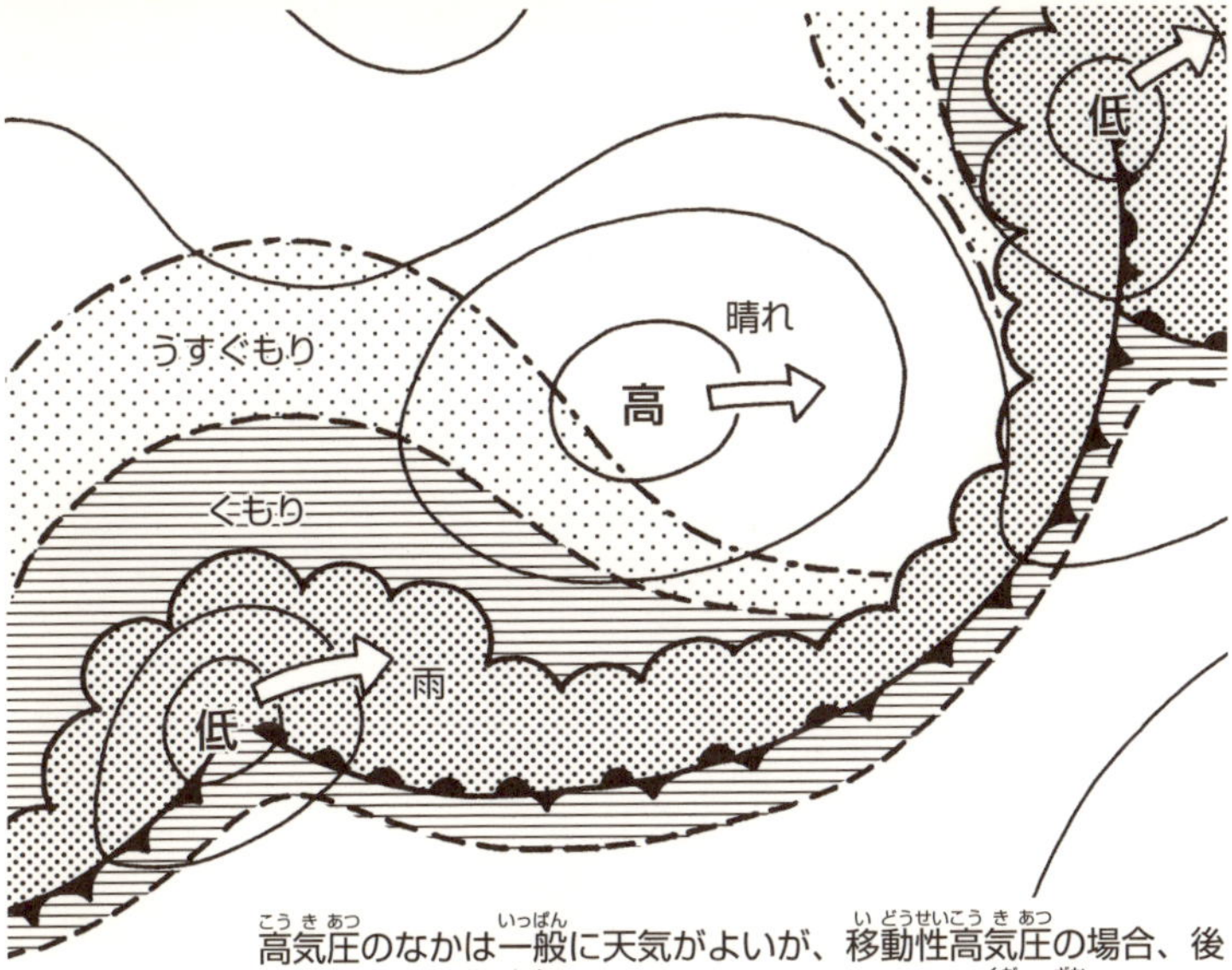

高気圧《こうきあつ》のなかは一般《いっぱん》に天気がよいが、移動性高気圧《いどうせいこうきあつ》の場合、後半部はつぎの低気圧《ていきあつ》のうす雲がかかり、天気は下《くだ》り坂《ざか》となる。

大気

高気圧《こうきあつ》にはどんな種類《しゅるい》があるの？

高気圧《こうきあつ》は、そのなりたちや移動《いどう》の速度によって、いくつかの種類《しゅるい》にわけられる。高気圧《こうきあつ》におおわれると、ふつう、天気がよい（30ページ参照《さんしょう》）。

温暖高気圧《おんだんこうきあつ》　地上から上空5キロメートル以上《いじょう》の高さまで暖《あたた》かい空気がたまってできた高気圧《こうきあつ》。「背《せ》の高い高気圧《こうきあつ》」ともよばれる。夏の太平洋《たいへいよう》高気圧《きあつ》（小笠原高気圧《おがさわらこうきあつ》）が代表的《だいひょうてき》な例《れい》。

寒冷高気圧《かんれいこうきあつ》　冷《つめ》たい空気がたまってできた高気圧《こうきあつ》。高さは2～3キロまでで、「背《せ》の低《ひく》い高気圧《こうきあつ》」ともよばれる。冬のシベリア高気圧《こうきあつ》が代表的《だいひょうてき》な例《れい》。

移動性高気圧《いどうせいこうきあつ》　1日に約《やく》1000キロのはやさでほぼ東にすすむ高気圧《こうきあつ》。日本では春と秋に多く、3～5日ごとに通過《つうか》する。この高気圧《こうきあつ》の前後には低気圧《ていきあつ》がならぶ。

気圧《きあつ》の単位《たんい》ヘクトパスカルの「パスカル」は、どこからきている？　**1** ギリシャの神さまの名　**2** 伝説《でんせつ》の空を飛《と》ぶ馬の名　**3** フランスの学者の名　（答えはつぎのページ）

大気

高気圧《こうきあつ》だと、なぜ天気がいいの？

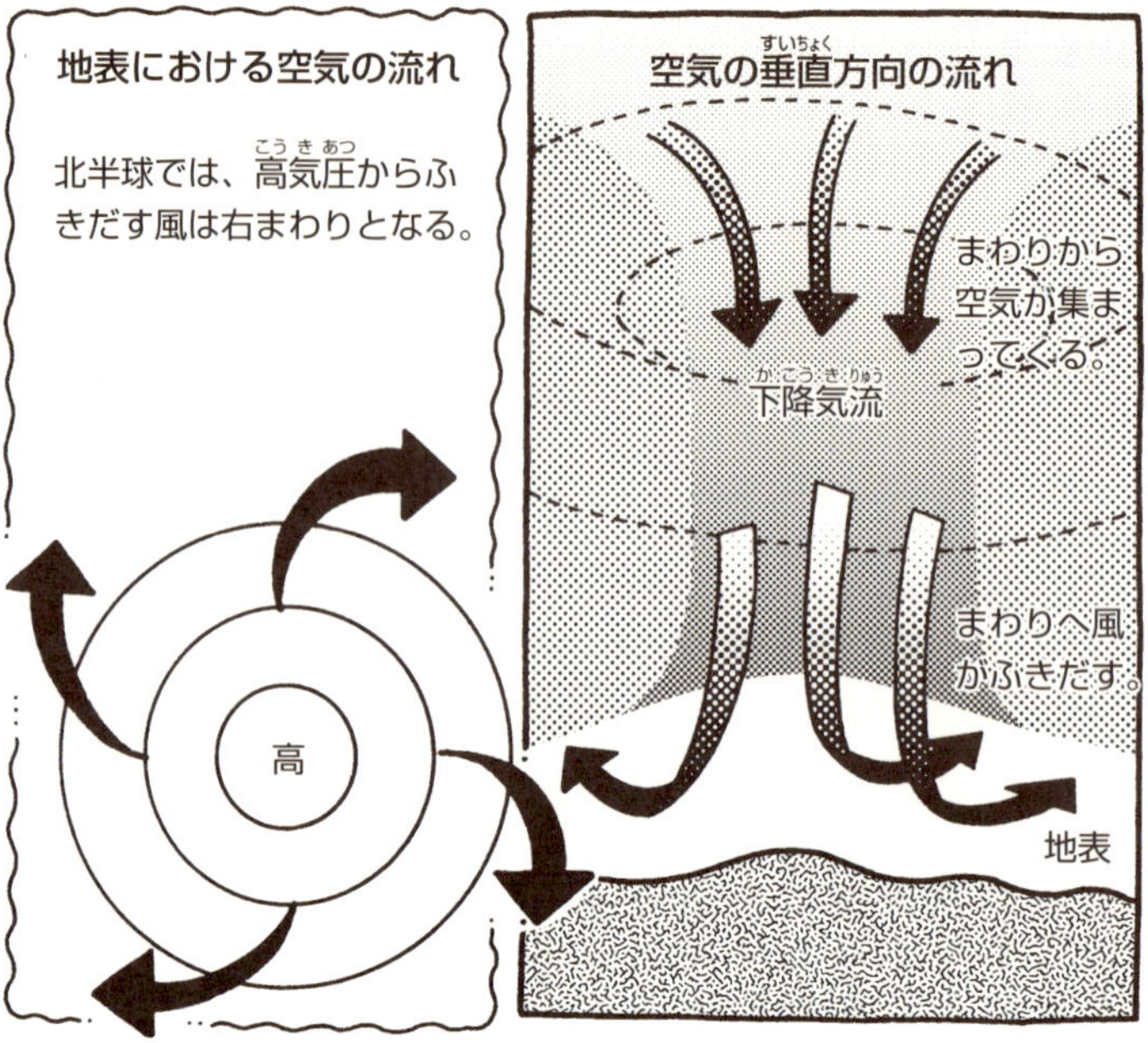
地表における空気の流れ
北半球では、高気圧《こうきあつ》からふきだす風は右まわりとなる。
高
空気の垂直《すいちょく》方向の流れ
まわりから空気が集まってくる。
下降気流《かこうきりゅう》
まわりへ風がふきだす。
地表

高気圧《こうきあつ》の中心部では気圧《きあつ》がもっとも高く、地面近くの空気は、まわりの気圧《きあつ》の低《ひく》いところに向かって風となってふきだしている。このときの高気《こうき》圧《あつ》全体での風の向きは、地球の自転《じてん》の関係《かんけい》で、北半球ではつねに右まわり（時計まわり）となる。また、南半球では反対に左まわりだ。

下のほうで空気がふきだすと、その穴《あな》をうめるように、上空で空気が集まり「下降気流《かこうきりゅう》」となっておりてくる。下降気流《かこうきりゅう》のなかでは、下にいくほど気温が上がり、空気はたくさんの水蒸気《すいじょうき》をふくむことができるようになる（39ページ参照《さんしょう》）。すると湿度《しつど》は下がり、空気は乾燥《かんそう》するので、雲はできにくくなる。それで、高気圧《こうきあつ》におおわれると、たいてい天気がよくなるのだ。

29ページの答え **3** フランスの学者の名　パスカルは17世紀《せいき》のフランスの思《し》想家《そうか》。圧力《あつりょく》に関《かん》する「パスカルの定理《ていり》」を発見した科学者でもある。

大気 低《てい》気《き》圧《あつ》にはどんな種《しゅ》類《るい》があるの？

低《てい》気《き》圧《あつ》には「温《おん》帯《たい》低《てい》気《き》圧《あつ》」や「熱《ねっ》帯《たい》低《てい》気《き》圧《あつ》」などがある。日本でなじみ深いのは温《おん》帯《たい》低《てい》気《き》圧《あつ》で、たんに「低《てい》気《き》圧《あつ》」といえば、ふつうこの温《おん》帯《たい》低《てい》気《き》圧《あつ》をさす。

日本付《ふ》近《きん》の温《おん》帯《たい》低《てい》気《き》圧《あつ》のおもな発生場所と移《い》動《どう》ルート

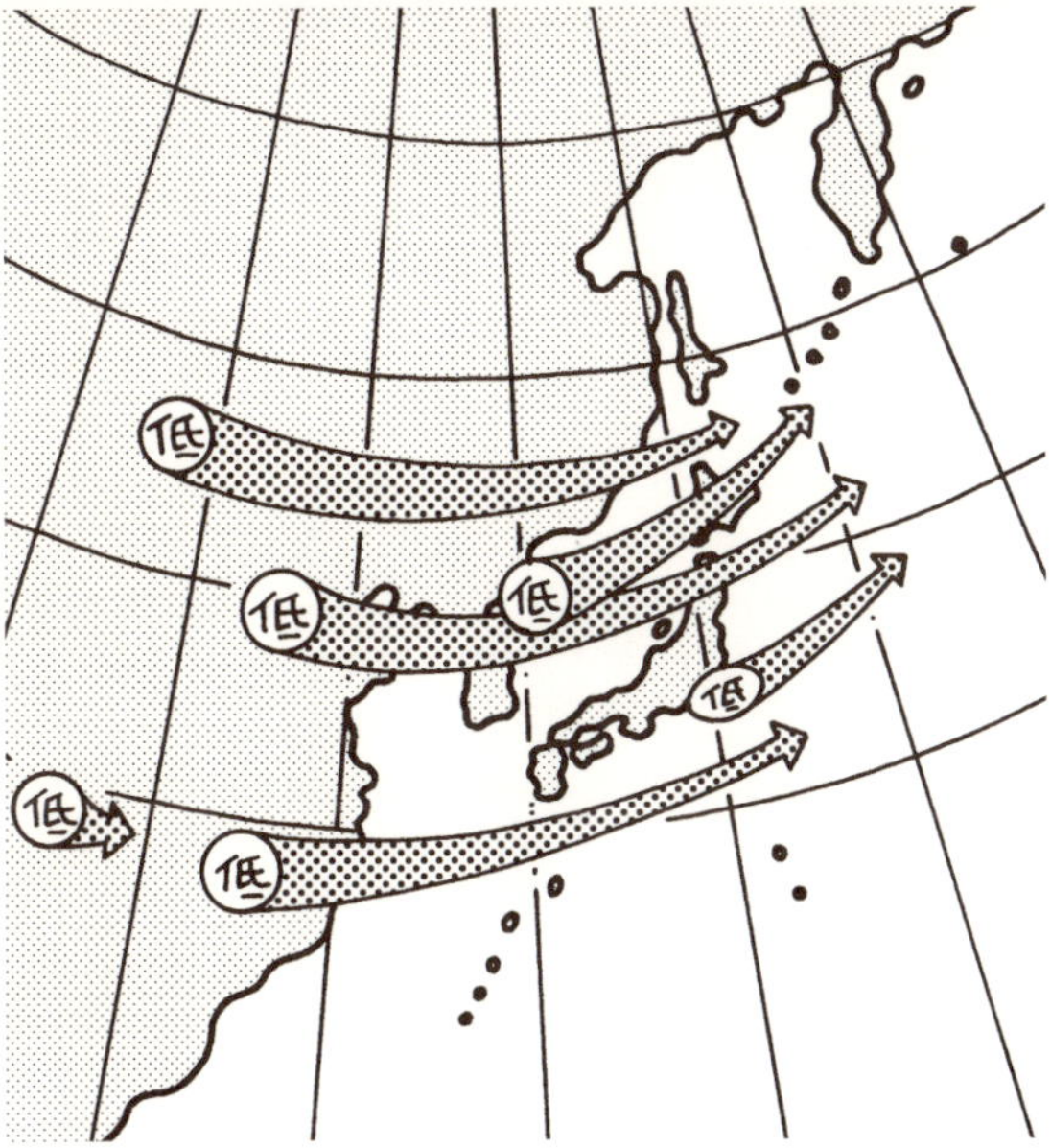

温《おん》帯《たい》低《てい》気《き》圧《あつ》　春や秋に多い移《い》動《どう》性《せい》高《こう》気《き》圧《あつ》と交《こう》互《ご》にならんで、1日に約《やく》1000キロメートルのはやさで東にすすむ。温《おん》帯《たい》地方で、暖《あたた》かい空気のかたまりと冷《つめ》たい空気のかたまりがぶつかって発生する。低《てい》気《き》圧《あつ》の前面に温《おん》暖《だん》前《ぜん》線《せん》を、後面に寒《かん》冷《れい》前《ぜん》線《せん》をともなうのが特《とく》ちょうで、この低《てい》気《き》圧《あつ》が近づくと天気がわるくなる（前《ぜん》線《せん》については34～35ページ参《さん》照《しょう》）。

熱《ねっ》帯《たい》低《てい》気《き》圧《あつ》　熱《ねっ》帯《たい》の海上で、暖《あたた》かくしめった空気をエネルギーとして、一年中、発生している。そのなかでも、中心付《ふ》近《きん》の最《さい》大《だい》風《ふう》速《そく》が毎秒17.2メートル以《い》上《じょう》のものを、とくに「台風」という。前《ぜん》線《せん》はともなわない。

移《い》動《どう》性《せい》高《こう》気《き》圧《あつ》の動きに大きく関《かん》係《けい》しているのは、つぎのうちのどれ？
1 上空の偏《へん》西《せい》風《ふう》　**2** 海の潮《しお》の流れ　**3** 月の満《み》ち欠《か》け　（答えはつぎのページ）

大気

低気圧《ていきあつ》だと、なぜ天気がわるいの？

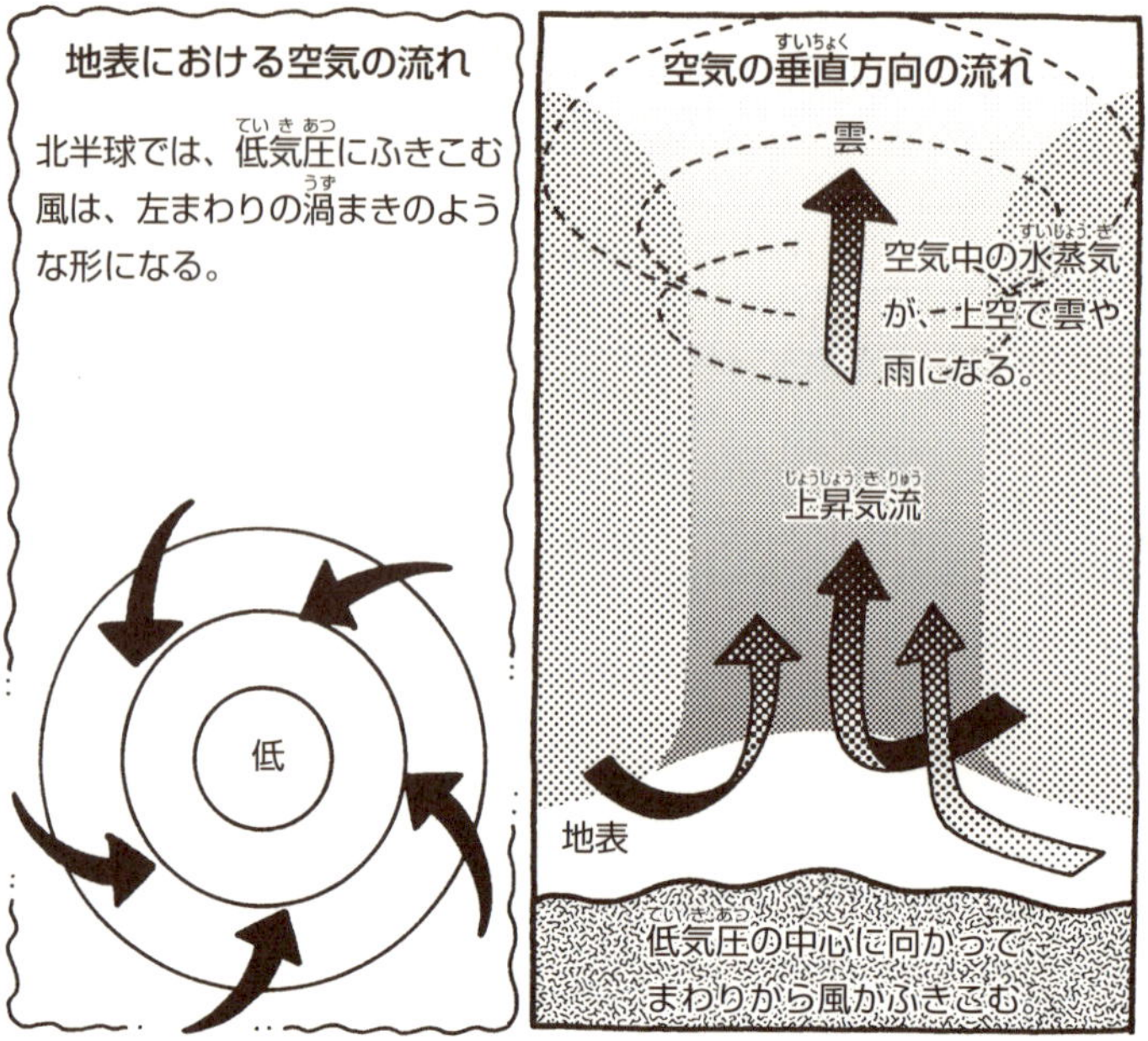

低気圧《ていきあつ》は、まわりより気圧《きあつ》が低《ひく》いので、中心に向かって空気が風となって渦《うず》をまいてふきこんでいる。この渦《うず》のまき方は、地球の自転《じてん》の関係《かんけい》で、北半球では左まわり（反時計まわり）に、南半球では右まわりになる。

中心に集まった空気は、上空へのぼり、低気圧《ていきあつ》の中心付近《ふきん》ではつねに「上昇気流《じょうしょうきりゅう》」がおこっている。上へいくほど気圧《きあつ》が低《ひく》くなり、それにつれて空気は膨張《ぼうちょう》する（ふくらむ）。膨張《ぼうちょう》するときには、空気自体のもっている熱《ねつ》を使うので、気温が下がる。すると、空気中にふくむことのできる水蒸気《すいじょうき》の量《りょう》がへり、水蒸気《すいじょうき》をそれ以上《いじょう》ふくめない状態《じょうたい》になると雲ができる。そして雲はやがて、雨や雪となってふってくることがある。

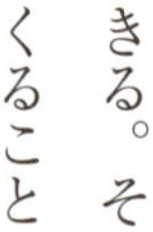

31ページの答え　**1**　上空の偏西風《へんせいふう》　日本付近《ふきん》を通る移動性高気圧《いどうせいこうきあつ》や低気圧《ていきあつ》は、上空の偏西風《へんせいふう》に流されて西から東に移動《いどう》するよ。

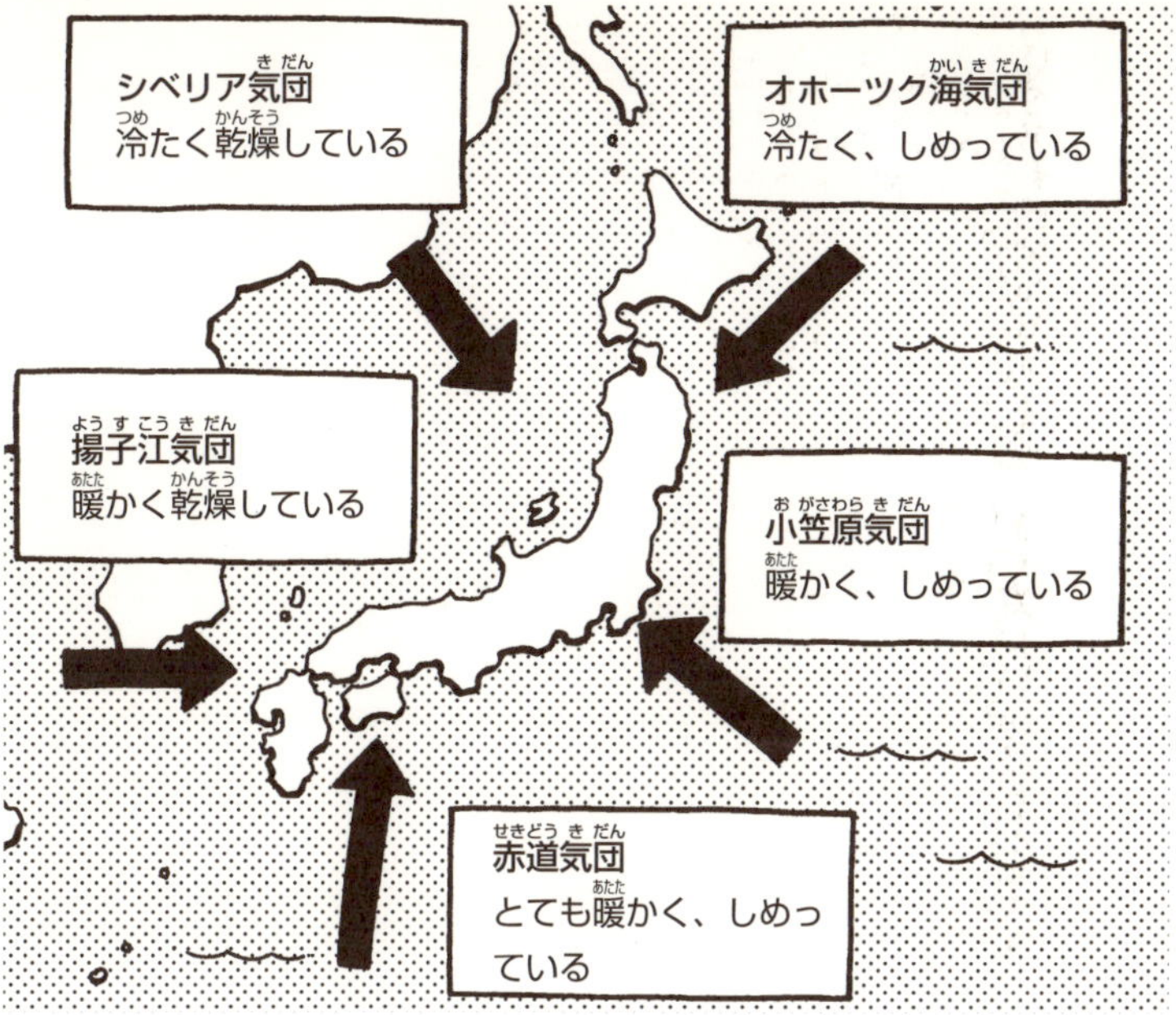

大気

日本の気《き》候《こう》を左右する5つの気《き》団《だん》

ほぼ同じ気温や湿度《しつど》の空気が、横に1000キロメートル以上《いじょう》もつづくのが「気団《きだん》」だ。気団《きだん》には、暖《あたた》かい「暖気団《だんきだん》」や冷《つめ》たい「寒気団《かんきだん》」がある。日本周辺《しゅうへん》には、つぎのような気団《きだん》があらわれる。

シベリア気団《きだん》　ユーラシア大陸《たいりく》東部の高気圧《こうきあつ》のなかでそだち、日本に冬の季節風《きせつふう》をもたらす。

オホーツク海気団《かいきだん》　オホーツク海高気圧《かいこうきあつ》のなかでそだち、冷《つめ》たくしめった北東風としてやってくる。

小笠原気団《おがさわらきだん》　太平洋高気圧《たいへいようこうきあつ》（小笠原高気圧《おがさわらこうきあつ》）のなかでそだち、日本に高温・多湿《たしつ》の夏をもたらす。

赤道気団《せきどうきだん》　熱帯低気圧《ねったいていきあつ》としてきて風雨をもたらす。

揚子江気団《ようすこうきだん》　中国の長江《ちょうこう》（揚子江《ようすこう》）付近《ふきん》でそだち、春や秋の移動性高気圧《いどうせいこうきあつ》にのってやってきて晴天《せいてん》をもたらす。

台風は北半球では左まわりの渦《うず》をまく。南半球では逆《ぎゃく》に右まわり。では赤道《せきどう》上空では？　**1** 左まわりの渦《うず》　**2** 右まわりの渦《うず》　**3** 渦《うず》はまかない　（答えはつぎのページ）

大気　前線《ぜんせん》って、なんだろう？

天気予報《よほう》などでよく「前線《ぜんせん》」ということばを耳にする。前線《ぜんせん》とは性質《せいしつ》のちがう2つの空気のかたまり（気団《きだん》）の境《さかい》めのことだ。「暖気団《だんきだん》」と「寒《かん》気団《きだん》」がぶつかったときの空気の境《さかい》の面を「前線《ぜんせん》面《めん》」といい、前線面《ぜんせんめん》が地表と接《せっ》しているところが「前線《ぜんせん》」だ。

前線《ぜんせん》には「温暖前線《おんだんぜんせん》」「寒冷前線《かんれいぜんせん》」「閉塞前線《へいそくぜんせん》」「停滞前線《ていたいぜんせん》」の4つがある。これらの前線付近《ぜんせんふきん》では雲が発生して、雨や雪がふりやすい。また、停滞前線以外《ていたいぜんせんいがい》は、ふつう低気圧《ていきあつ》とともにすすみ、前線《ぜんせん》が通りすぎると、天気は回復《かいふく》する。

温暖前線《おんだんぜんせん》　暖気団《だんきだん》が寒気団《かんきだん》の上をおしあがり、暖《だん》気団側《きだんがわ》から寒気団側《かんきだんがわ》にすすむ前線《ぜんせん》。雲がつぎつぎにできて、前線《ぜんせん》から寒気団側《かんきだんがわ》の広い範囲《はんい》で雨や雪がふる。そして前線《ぜんせん》が通過《つうか》すると、気温が上がる。

寒冷前線《かんれいぜんせん》　寒気団《かんきだん》が暖気団《だんきだん》をおしあげ、寒気団側《かんきだんがわ》から暖気団側《だんきだんがわ》にすすむ前線《ぜんせん》。寒気団《かんきだん》が暖気団《だんきだん》の下にもぐりこんで一気にこれをおしあげるため、積乱雲《せきらんうん》などが発生し、前線《ぜんせん》の近くでは、強い風雨や風雪となる。前線《ぜんせん》の通過後《つうかご》は、気温が下がる。

閉塞前線《へいそくぜんせん》　温暖前線《おんだんぜんせん》は最初《さいしょ》、低気圧《ていきあつ》の前側《まえがわ》にあり、寒冷前線《かんれいぜんせん》は後《うし》ろ側《がわ》にあるが、寒冷前線《かんれいぜんせん》は速度がはやいので温暖前線《おんだんぜんせん》に追いつく。このときできるのが閉塞前線《へいそくぜんせん》で、このあと低気圧《ていきあつ》はおとろえる。

停滞前線《ていたいぜんせん》　暖気団《だんきだん》と寒気団《かんきだん》の勢力《せいりょく》がほぼ同じで、ほとんど動かなくなった前線《ぜんせん》。この前線《ぜんせん》の寒気団《かんきだん》側《がわ》は雨の区域《くいき》になる。「梅雨前線《ばいうぜんせん》」や「秋雨前線《あきさめぜんせん》」は、停滞前線《ていたいぜんせん》だ。

33ページの答え **3** 渦《うず》はまかない　赤道《せきどう》上空では台風は発生しないので、渦《うず》もまかない。

温暖前線《おんだんぜんせん》の構造《こうぞう》

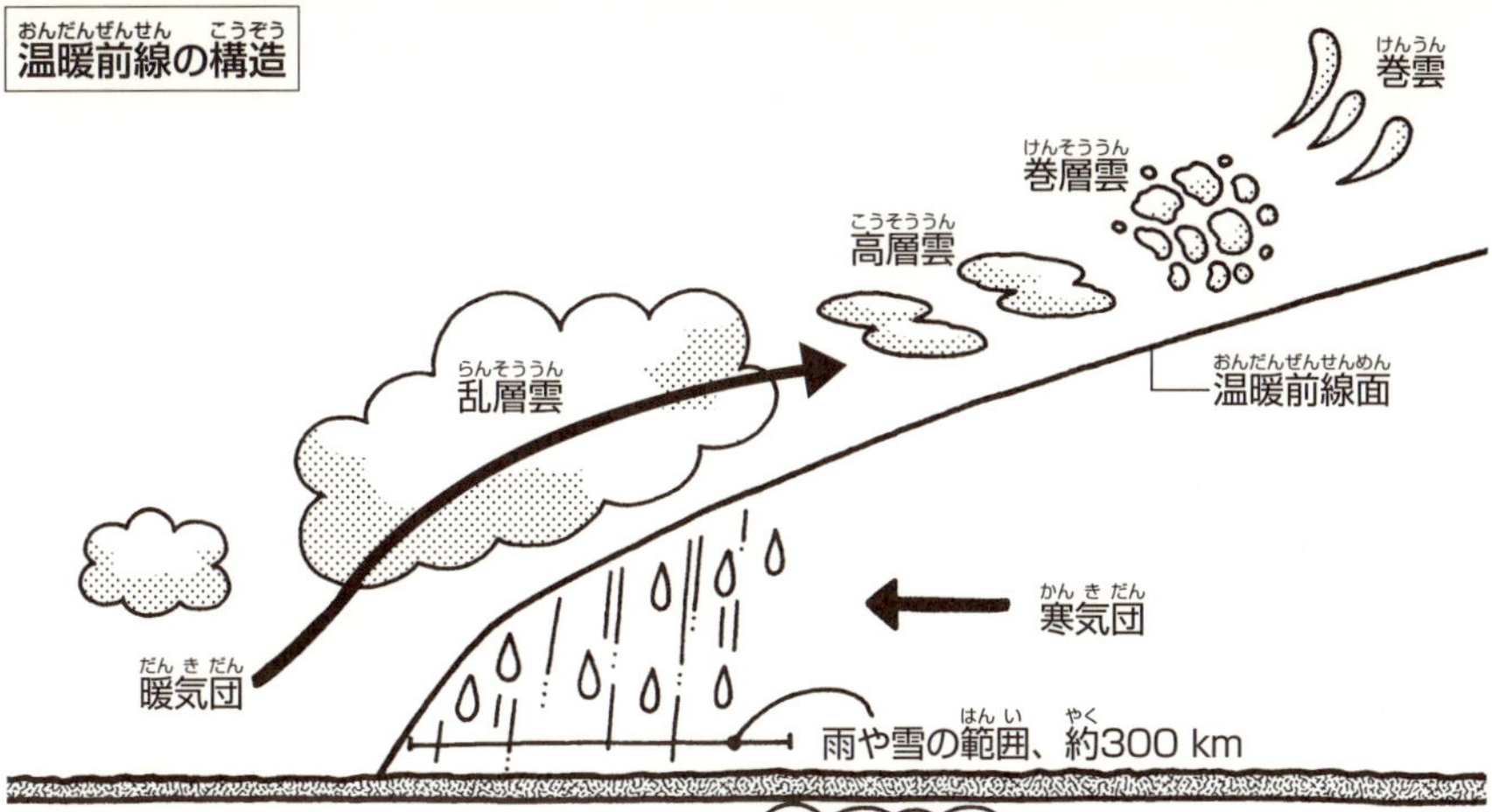

寒冷前線《かんれいぜんせん》の構造《こうぞう》

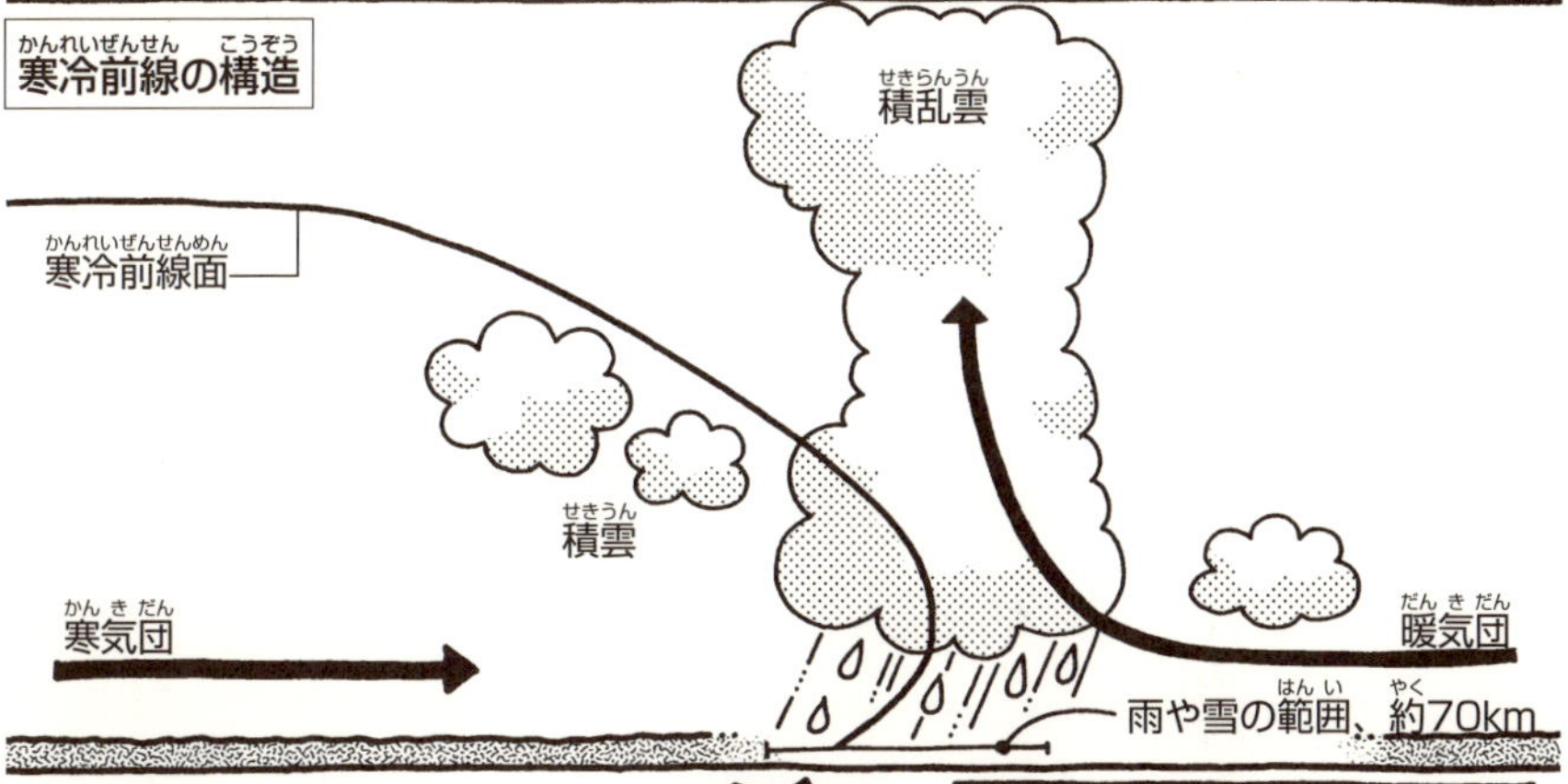

停滞前線《ていたいぜんせん》の雨の区域《くいき》

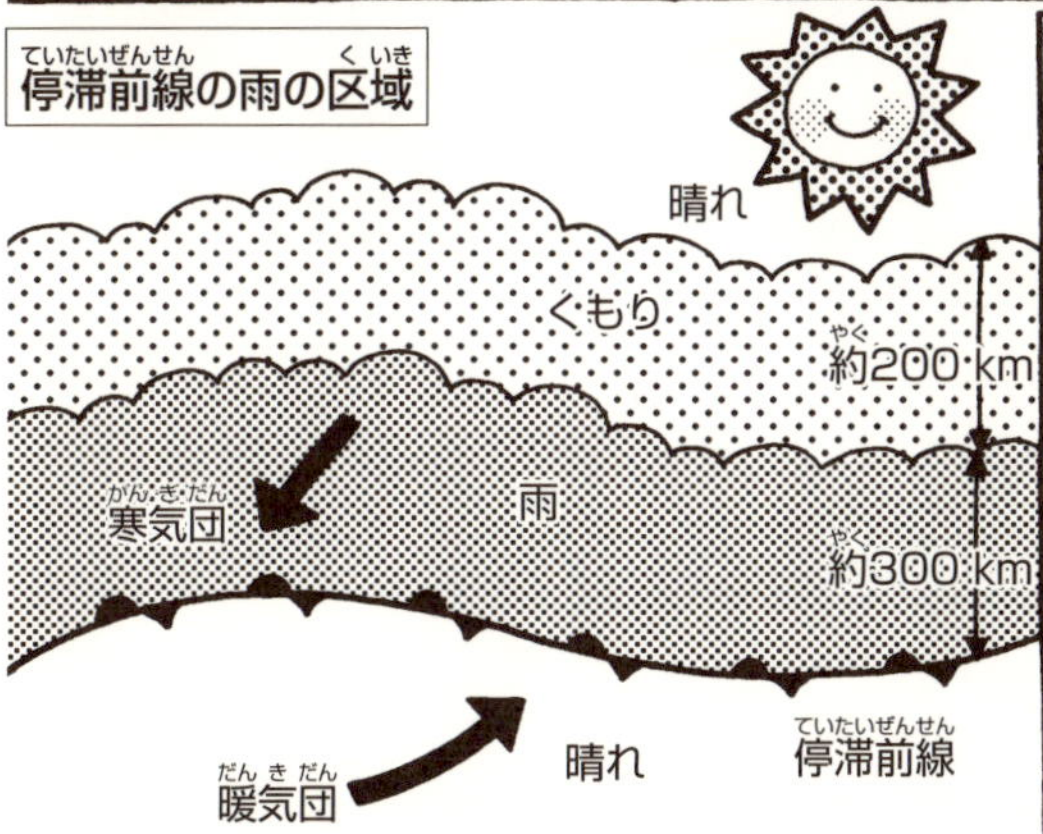

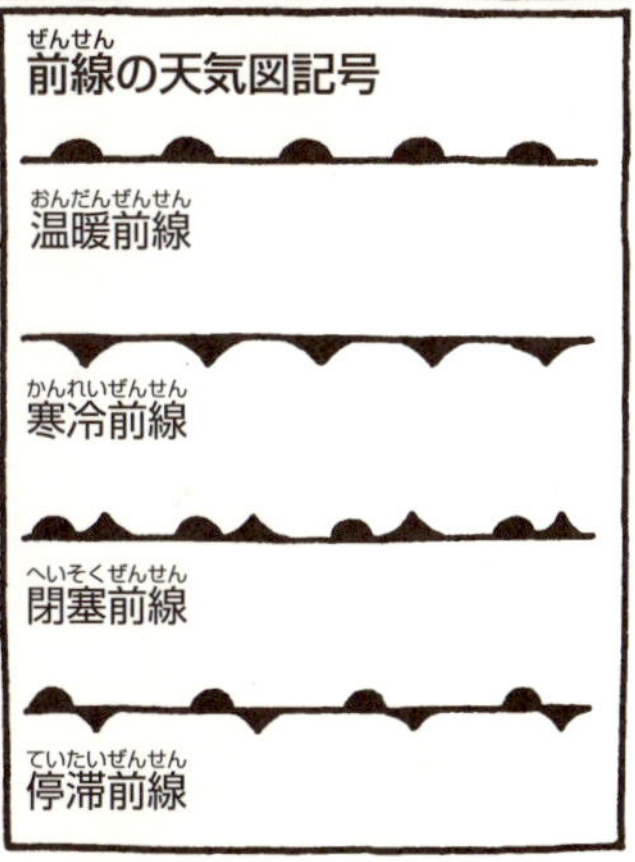

この前線《ぜんせん》が通過《つうか》すると気温が下がる。「この前線《ぜんせん》」とは、つぎのうちのどれ？

1 温暖前線《おんだんぜんせん》　**2** 寒冷前線《かんれいぜんせん》　**3** 閉塞前線《へいそくぜんせん》　（答えはつぎのページ）

もっと知りたい！ 天気のことわざ

●風編《へん》

日本の各地《かくち》に「夕焼《ゆうや》けは晴れ」などのような、天気のことわざが残《のこ》されている。昔の人は、空のようすや自然《しぜん》の現象《げんしょう》を細かく観察《かんさつ》して、天気の変化《へんか》を予測《よそく》したのだ。このようなやり方を「観天望気《かんてんぼうき》」という。科学的《かがくてき》にも説明《せつめい》できる、いくつかのことわざを紹介《しょうかい》しよう。

レンズ雲は風の強くなるきざし

凸《とつ》レンズのような形をしたレンズ雲は、上空の風が強いときにあらわれる。ふつう、風は上空でふきはじめ、やがて地上におりてくるので、この雲がでてから半日後には、地上でも強風がふくことが多い。

海陸風《かいりくふう》がみだれると天気がくずれる

昼は海風《うみかぜ》、夜は陸風《りくかぜ》がきちんとふくときは、天気が安定している証拠《しょうこ》。昼間に陸風《りくかぜ》がふいたりするときは、前線《ぜんせん》が通過《つうか》する前ぶれで、天気がくずれることがある。

星がまたたくと風が強くなる

上空の風が強いと、空気の密度《みつど》の濃《こ》いところと、うすいところが、つぎつぎに運ばれてきて、星の光を横切る。そのため、星の光は輝《かがや》いたり弱まったりし、またたいているように見える。

35ページの答え **2** 寒冷前線《かんれいぜんせん》　この前線《ぜんせん》が通過《つうか》すると寒気団《かんきだん》のなかに入り、気温が下がる。よく読むと、答えが34ページの本文のなかに書いてあるよ。

天気の大常識…

その2

雲のふしぎをしらべよう!?

雲

雲は、なにからできているの？

　ふわふわと綿菓子《わたがし》のように空にうかぶ雲は、なにからできているのだろう？　それが「ひじょうに細かい水の粒《つぶ》や氷の粒《つぶ》からできている」といわれると、ちょっとおどろく人がいるかもしれない。白い雲も黒い雲も同じものでできているが、光のあたり方がちがうので、見え方がちがうのだ。

　雲が発生するようすは、ドライアイスを空気中におくと見ることができる。周囲《しゅうい》にただよいはじめる白い煙《けむり》が、雲だ。ドライアイスのまわりの空気が冷《ひ》やされて、空気中にあった水蒸気《すいじょうき》が細かな水の粒《つぶ》となり、ただよっているのだ。

　水の状態《じょうたい》の変化《へんか》をみると、熱《ねつ》を吸収《きゅうしゅう》したり放出《ほうしゅつ》したりして、水（液体《えきたい》）は水蒸気《すいじょうき》（気体《きたい》）や氷（固体《こたい》）に姿《すがた》をかえている。

　では、じっさいには、雲はどんなときにできるのだろう？　空気中にふくむことのできる水蒸気《すいじょうき》の最大量《さいだいりょう》は、左ページの表のように値《あたい》がきまっている。大気が上空にのぼり、気温が下がるほど、ふくむことのできる水蒸気量《すいじょうきりょう》は少なくなる。（上空で気温がなぜ下がるかは、左ページの図を参《さん》照《しょう》。）水蒸気《すいじょうき》をそれ以上《いじょう》ふくめなくなった「飽和《ほうわ》」の状態《じょうたい》にたっしたあと、さらに気温が下がりつづけると、行き場のなくなった水蒸気《すいじょうき》は水や氷の粒《つぶ》となる。これが雲の粒《つぶ》だ。大きさは直径《ちょっけい》0.01～0.02ミリメートルくらいのものが多い。

　雲《くも》の粒《つぶ》ができるためには、大気中にただよっているちりや塩《しお》の粒《つぶ》など、核《かく》となる微粒子《びりゅうし》が必要《ひつよう》だ。雲《くも》の粒《つぶ》がたくさん集まると、雲として見える。

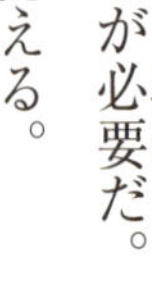

クイズの手ごたえは、どうかな？
これから、どんどんむずかしくなるよ。

ドライアイスはひじょうに低温《ていおん》で、直接《ちょくせつ》ふれると凍傷《とうしょう》になることがあるので、直接《ちょくせつ》さわらないようにしよう。

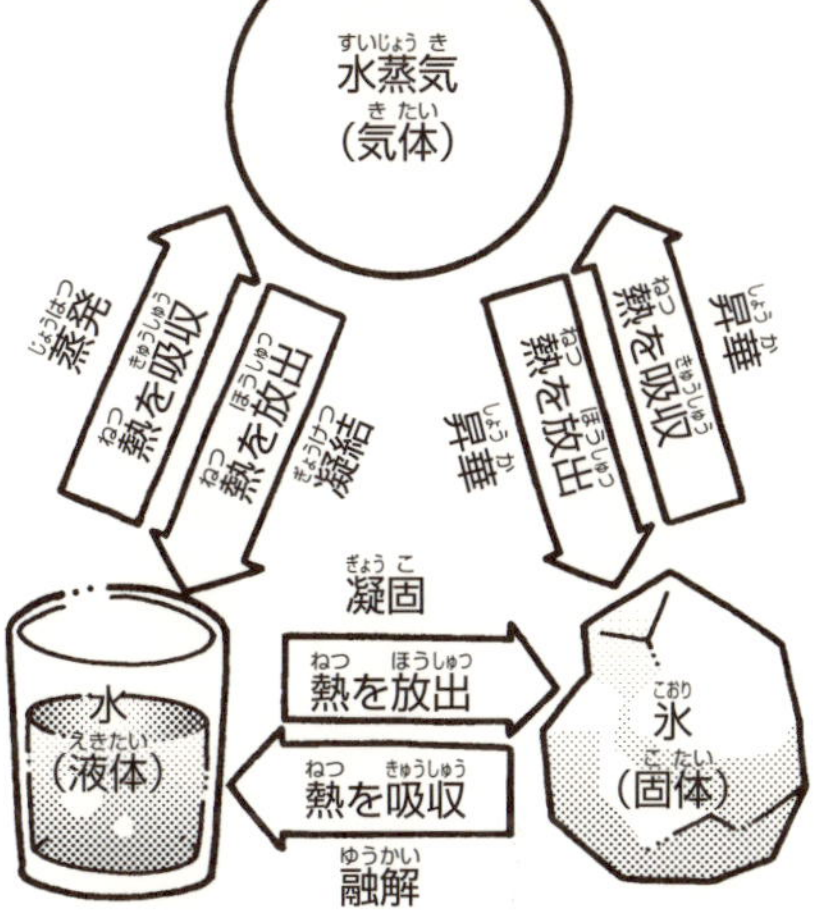

▲**水の状態《じょうたい》の変化《へんか》**　気体《きたい》から液体《えきたい》への変化《へんか》を「凝結《ぎょうけつ》」、固体《こたい》から気体《きたい》への変化《へんか》を「昇華《しょうか》」などとよぶ。

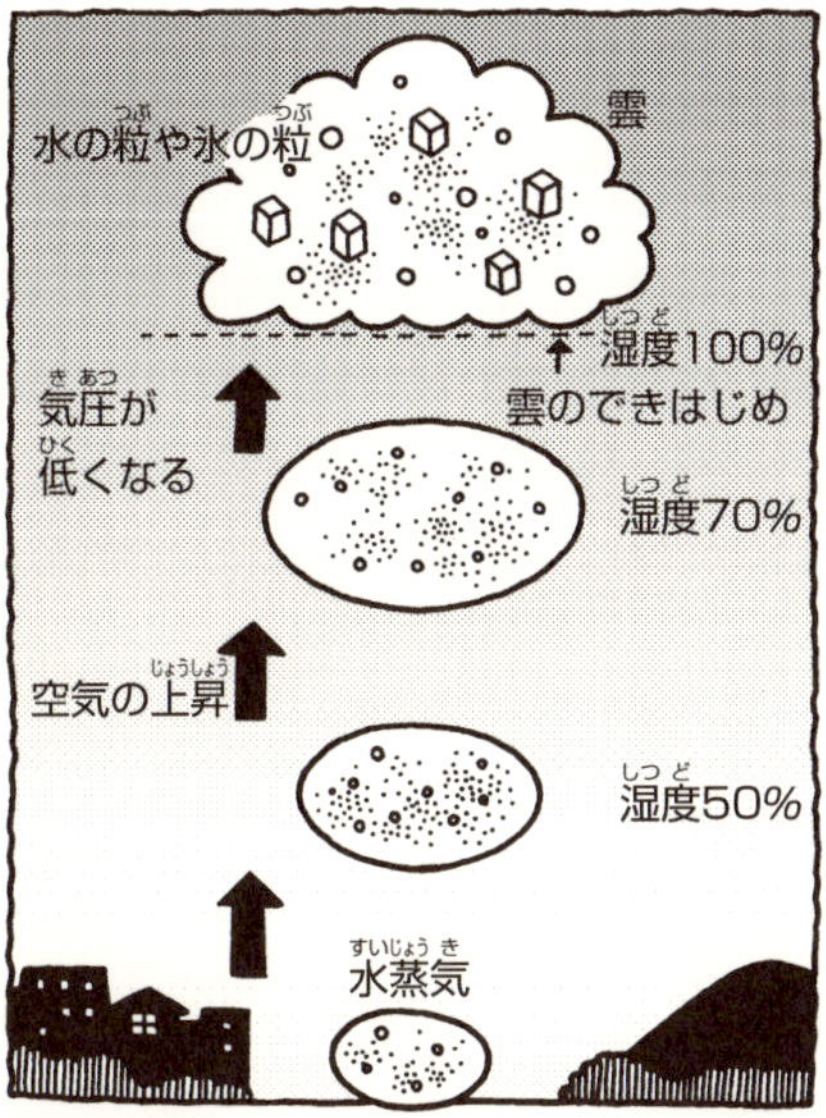

空気は上昇《じょうしょう》して気圧《きあつ》が低《ひく》くなると、ふくらむ。そのとき熱《ねつ》を使うので、気温が下がる。湿度《しつど》100%で雲ができはじめる。

▼1m^3の空気にふくまれる最大水蒸気量《さいだいすいじょうきりょう》
(飽和水蒸気量《ほうわすいじょうきりょう》)

温度(℃)	g/m^3 *
40	51.2
30	30.4
20	17.2
10	9.3
0	4.8
−10	2.4
−20	1.1
−30	0.45

＊g/m^3は、空気1m^3あたりの水蒸気《すいじょうき》のグラム数

30℃で1m^3に30.4gの水蒸気《すいじょうき》をふくむ空気を、−10℃まで冷《ひ》やすと、30.4−2.4=28で、28gが水や氷になる。

雲は水が姿《すがた》をかえたものじゃな。では、水蒸気《すいじょうき》もふくめて、地球上の水の総量《そうりょう》はいくらか？　**1** 100億《おく》km^3　**2** 53億《おく》km^3　**3** 14億《おく》km^3　(答えはつぎのページ)

雲

雲はなぜ、空にうかんでいられるの？

雲・霧雨《きりさめ》・雨の粒《つぶ》の大きさくらべ（直径《ちょっけい》）

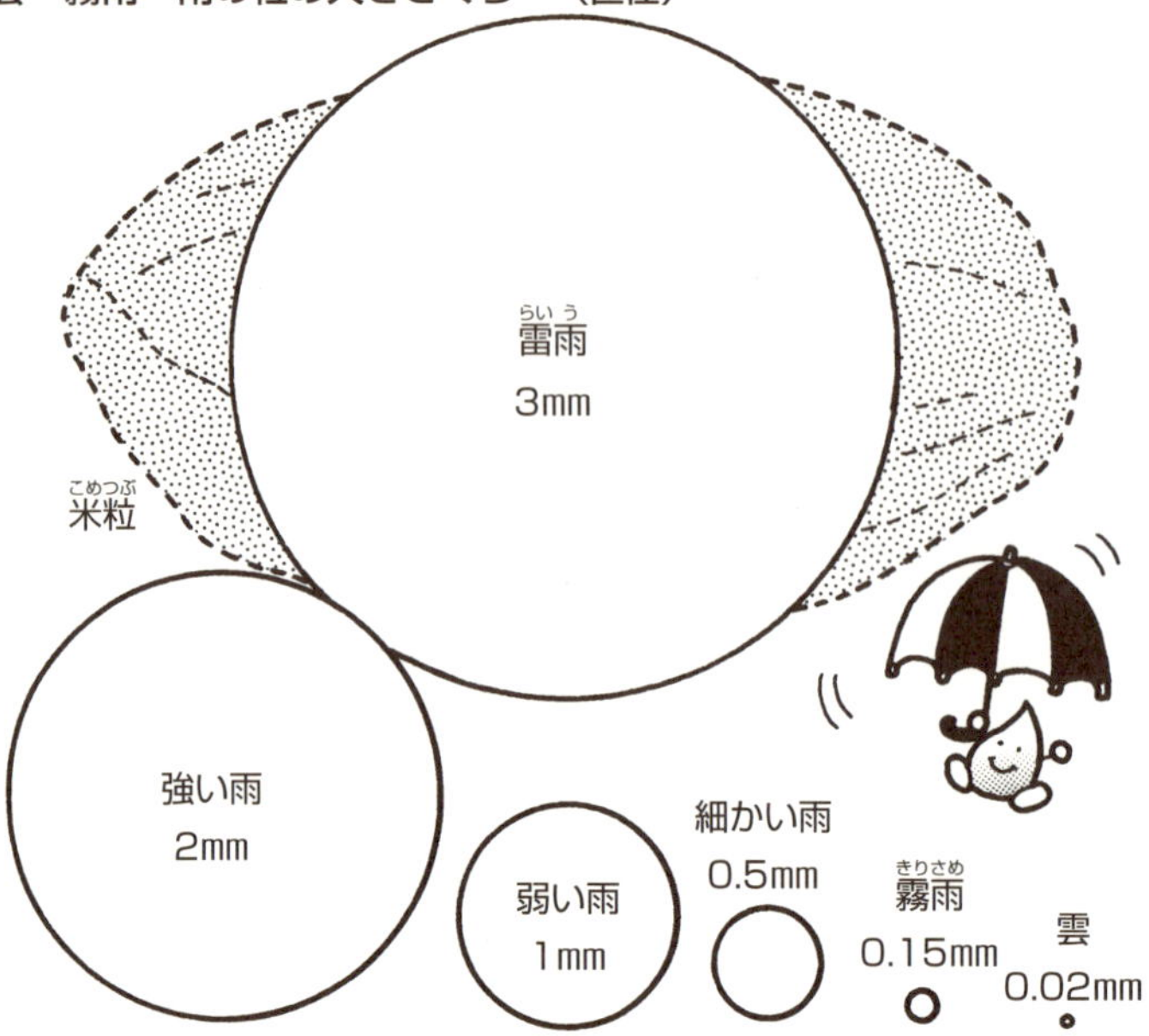

雲は、水や氷の粒《つぶ》でできているのに、なぜ、雨のように落ちてこないのだろう。

雲粒《くもつぶ》は、大きさからみると、ふつう直径《ちょっけい》0.01〜0.02ミリメートルほどだ。雨滴《うてき》（雨の粒《つぶ》）は直径《ちょっけい》1〜2ミリほど、雷雨《らいう》だと3〜5ミリにもなる。体積《たいせき》でみると、雲粒《くもつぶ》100万個《こ》が集まって、雨滴《うてき》1個分《こぶん》といったような大きさなのだ。また、重さからみると、多くの雲で1立方メートルに1億個《おくこ》くらいの雲粒《くもつぶ》があるが、それを全部あわせても水1グラムにもならない。要《よう》するに雲粒《くもつぶ》は、小さく軽い。

直径《ちょっけい》0.02ミリの雲粒《くもつぶ》の落下速度は、1秒間に1.3センチメートルで、風とともに空をただよい、うかんでいられるのだ。これに対して直径《ちょっけい》2ミリの雨《う》滴《てき》の落下速度は、1秒間に約《やく》6メートルだ。

39ページの答え **3** 14億《おく》km^3　地球上の水の約《やく》97%が海水で、約《やく》3%が川や湖の淡水《たんすい》および南極《なんきょく》・北極《ほっきょく》の氷だ。大気中の水蒸気《すいじょうき》は0.001%ほど。

雲

雲ができやすい場所って、あるの？

雲は、空気が上空へのぼっていって、つまり上《じょう》昇気流《しょうきりゅう》となって、冷《ひ》やされたときにできる。だから、上昇気流《じょうしょうきりゅう》がおこる場所をさがせば、そこが雲ができやすい場所ということになる。上昇気流《じょうしょうきりゅう》がおこるのは、おもにつぎのような場所だ。

風が山をこえるところ　しめった風が山の斜面《しゃめん》をのぼるとき、その斜面《しゃめん》で雲ができる。

台風や低気圧《ていきあつ》の中心付近《ふきん》　まわりから中心へと空気が流れこみ、上昇気流《じょうしょうきりゅう》がおこり、雲ができる。

前線《ぜんせん》の近く　温暖前線《おんだんぜんせん》、寒冷前線《かんれいぜんせん》など前線《ぜんせん》の近くでは、暖気団《だんきだん》と寒気団《かんきだん》がぶつかって上昇気流《じょうしょうきりゅう》がおこり、雲を発生させる。

地面が日射《にっしゃ》で暖《あたた》められたところ　強い日射《にっしゃ》で暖《あたた》められた空気は軽くなって上昇《じょうしょう》し、雲をつくる。

湿度《しつど》100%にならない空気が100m上昇《じょうしょう》すると、気温は何度下がるか？

1 10℃　**2** 1℃　**3** 0.5℃　（答えは44ページ）

もっと知りたい!

雲のつくり方、教えます

雲は、かんたんな実験《じっけん》でつくることができる。その前にすこし、38〜39ページを見ながら、雲をつくるためには、どんなことがポイントになるか、考えてみよう。まず、必要《ひつよう》なのは水蒸気《すいじょうき》、それから、雲の核《かく》になる微粒子《びりゅうし》もいる。

じっさいに雲ができるときのようすをみると、大気は上昇《じょうしょう》して気圧《きあつ》が低《ひく》くなり、まわりに広がってエネルギーを使うため、気温が下がる。気温が下がると、水蒸気《すいじょうき》が雲になる。ここでカギになるのは、気圧《きあつ》が下がること、そして、それによって、気温が下がることだ。では、実験《じっけん》をはじめよう。

用意するもの

からのペットボトル

湯《ゆ》の入ったポット

線香《せんこう》とマッチ

炭酸《たんさん》がぬけるのをふせぐためのポンプ式ボトルキャップ

1 湯の入ったポットの口に、ペットボトルの口をあてて、水《すい》蒸気《じょうき》をとり入れる。やけどをしないように気をつけよう。

2 ペットボトルをかたむけて、なかに線香《せんこう》の煙《けむり》を2～3秒ほど入れる。この煙《けむり》が、雲をつくる核《かく》となる。

3 ペットボトルの口に、ボトルキャップをつける。ポンプを何度も上下させて、なかに空気を送りこみ、ペットボトルのなかの気圧《きあつ》を上げる。

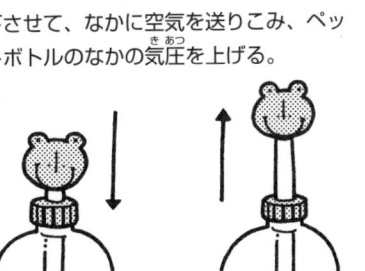

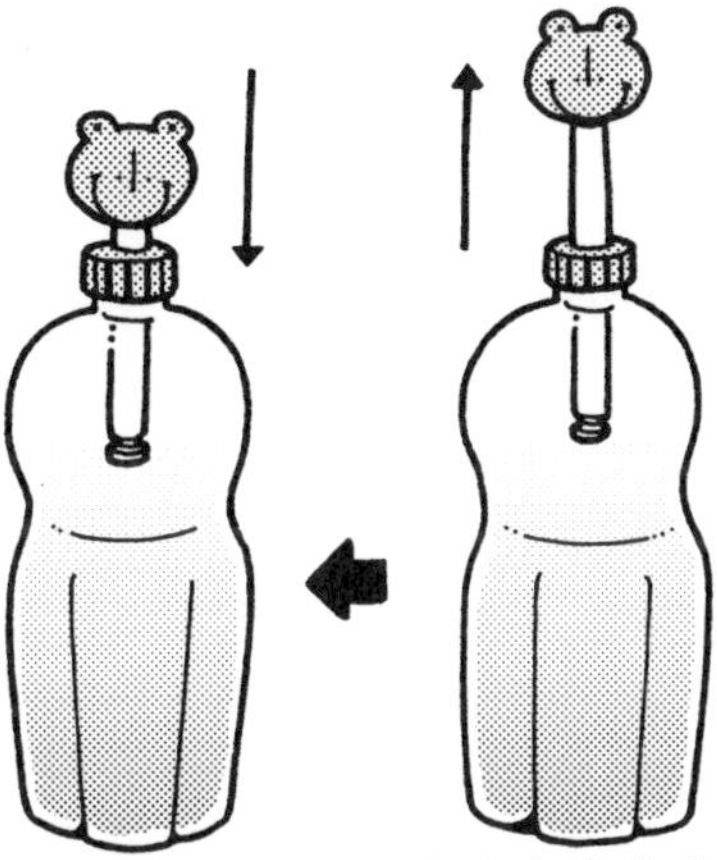

4 ボトルキャップのねじをゆるめると、ペットボトルのなかの空気がぬけ、気圧《きあつ》が下がって、空気の温度が下がる。温度が下がると、空気中にふくむことのできる水蒸気《すいじょうき》の量《りょう》がへるので、空気中にふくみきれなくなった水蒸気《すいじょうき》が、白い煙《けむり》のような水滴《すいてき》となる。この水滴《すいてき》が雲だ。

雲

10種類《しゅるい》の雲の名前を覚《おぼ》えよう

雲は高さや形から10種類《しゅるい》にわけられる。これを「10種雲形《しゅうんけい》」といい、1803年にイギリスの気《き》象学者《しょうがくしゃ》ハワードが分類《ぶんるい》した3つの雲形《うんけい》をもとに、1896年の国際気象会議《こくさいきしょうかいぎ》できめられた。

大きくわけると、雲は、縦《たて》にもくもくと立ち上がる雲（積雲型《せきうんがた》）と、横に広がる層状《そうじょう》の雲とにわけられる。また、高さからみると、上層雲《じょうそううん》、中層《ちゅうそう》雲《うん》、下層雲《かそううん》に分類《ぶんるい》できる。

これらの雲の形は、上昇気流《じょうしょうきりゅう》のおこり方できまってくる。気流《きりゅう》がまっすぐのぼったときは、積雲型《せきうんがた》になり、気流《きりゅう》が水平に広がったときは横にのびる層状《そうじょう》の雲になる。また、逆《ぎゃく》に、雲の形から、上空の強風や低気圧《ていきあつ》の接近《せっきん》などを知ることができ、天気を予想《よそう》する手がかりになる。口絵ページもみてみよう。

10種雲形《しゅうんけい》

雲の名	日常的《にちじょうてき》なよび名	日本など温帯《おんたい》での雲の高さ
巻雲《けんうん》	すじ雲	上層《じょうそう》（5〜13km）
巻積雲《けんせきうん》	いわし雲　うろこ雲	
巻層雲《けんそううん》	うす雲	
高積雲《こうせきうん》	ひつじ雲	中層《ちゅうそう》（2〜7km）
高層雲《こうそううん》	おぼろ雲	
乱層雲《らんそううん》	雨雲《あまぐも》	
層積雲《そうせきうん》	うね雲	下層《かそう》（地表〜2km）
層雲《そううん》	きり雲《ぐも》	
積雲《せきうん》	わた雲　つみ雲	雲底《うんてい》は下層《かそう》、
積乱雲《せきらんうん》	雷雲《かみなりぐも》　入道雲《にゅうどうぐも》	雲頂《うんちょう》は上《じょう》・中層《ちゅうそう》

41ページの答え **2** 1℃　物理学《ぶつりがく》の法則《ほうそく》で計算すると、100mのぼるごとに気温が約《やく》1℃下がる。これは山登りのときも同じなので、覚《おぼ》えておくと便利《べんり》。

湿度《しつど》100%の空気が100m上昇《じょうしょう》すると、気温は何度下がるか？

1 10℃　**2** 1℃　**3** 0.5℃　（答えはつぎのページ）

雲

富《ふ》士《じ》山《さん》にかかる雲は、どんな雲？

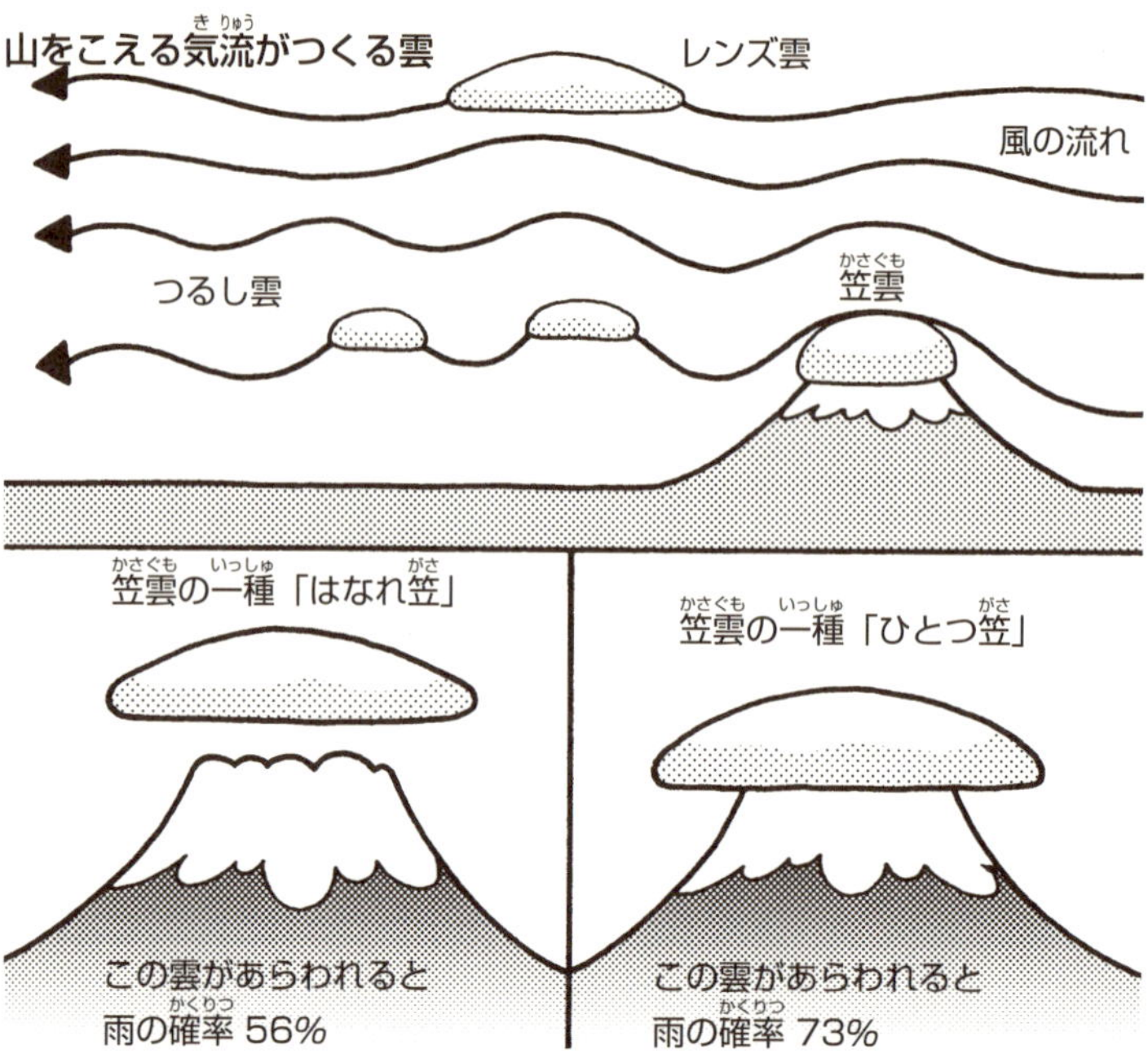

富《ふ》士《じ》山《さん》のような独立《どくりつ》した山や山脈《さんみゃく》を風がこえるとき、めずらしい形の雲をつくる。「笠雲《かさぐも》」や「つるし雲」「レンズ雲」などだ。

風は、山のいただきや風下側《かざしもがわ》を、図のように上下に波うってふきぬける。風が上昇《じょうしょう》するところで雲ができ、下降《かこう》するところで雲が消え、波の形にあわせて雲がならぶことになる。山頂《さんちょう》では「笠《かさ》雲《ぐも》」といい、風下では「つるし雲」という。

富《ふ》士《じ》山《さん》などの山にかかる雲を見て、昔から多くの人は、晴れや雨や風を予《よ》測《そく》してきた。

このほか、海面の波のような形をした「波《は》状雲《じょううん》」もめずらしい雲だ。これは山の付《ふ》近《きん》だけでなく、空《そら》に広く見られる雲で、大気が波うちながらすすむときにできる。

45ページの答え **3** 0.5℃　飽《ほう》和《わ》状態《じょうたい》なので余《よ》分《ぶん》な水蒸《すいじょう》気《き》が水滴《すいてき》にかわる。このとき熱《ねつ》をだすので、気温の下がり方が湿度《しつど》100%にならない空気より、小さい。

雲

飛行機雲《ひこうきぐも》って、どうしてできるの？

飛行機《ひこうき》が飛《と》んだあとの空、白く長くのびた「飛《ひ》行機雲《こうきぐも》」を見たことがある人は多いだろう。これは人工的《じんこうてき》につくられる雲だ。でも、飛行機《ひこうき》が飛《と》んだら、かならずできるというわけではない。

飛行機《ひこうき》が飛《と》ぶとき、機体《きたい》からはきだされる排気《はいき》ガス中の水蒸気《すいじょうき》やチリがきっかけとなって雲をつくる。高度5～10キロメートルの上空で、マイナス30度以下《いか》の大気中では、しめっているときは雲は成長《せいちょう》して大きくなる。

飛行機雲《ひこうきぐも》はすぐ消えることもあれば、しだいに広がって長い時間消えないこともある。飛行機雲《ひこうきぐも》がなかなか消えないときは、天気がわるくなることがよくある。なぜかというと、大気中の水蒸気《すいじょうき》の量《りょう》が多いから飛行機雲《ひこうきぐも》がなかなか消えないということで、その水蒸気《すいじょうき》がやがて大きな雲となる場合があるからだ。この法則《ほうそく》がじっさいに、どれくらいの確率《かくりつ》であたるか、きみも飛行機雲《ひこうきぐも》を観察《かんさつ》してみよう。

雲はおもに対流圏《たいりゅうけん》（平均《へいきん》で高度10kmくらいまで）での現象《げんしょう》だが、その上の成層圏《せいそうけん》に雲はできるか？　**1** できる　**2** できない　（答えはつぎのページ）

霧《きり》と雲は、どうちがうの？

空の低《ひく》いところにある霧《きり》と雲はどちらも、しめった空気が冷《ひ》やされて、空気中の水蒸気《すいじょうき》が凝結《ぎょうけつ》（気体《きたい》から液体《えきたい》になること）し、ごく細かな水滴《すいてき》となってうかんだものだ。これが空の上にあれば「雲」で、地表に接《せっ》していれば「霧《きり》」とよばれる。

細かな水滴《すいてき》は光を散乱《さんらん》させたり、吸収《きゅうしゅう》するので、霧《きり》のなかでは見通しがわるい。見通しが1キロメートル未満《みまん》のものが「霧《きり》」で、それ以上《いじょう》のものは「もや」とよんで区別《くべつ》する。

霧《きり》とよく似《に》た現象《げんしょう》に、霧《きり》のように細かい雨「霧雨《きりさめ》」がある。霧《きり》と霧雨《きりさめ》のちがいは、霧《きり》の粒《つぶ》の直径《ちょっけい》はふつう0.02ミリメートルくらいで、霧雨《きりさめ》は0.1〜0.5ミリ。霧《きり》は空中をただようが、霧雨《きりさめ》は、層雲《そううん》や霧《きり》のなかからゆっくりとふってくる点などだ。

47ページの答え **1** できる　成層圏《せいそうけん》（高度約《やく》10〜50km）の高度25kmあたりに「真《しん》珠雲《じゅぐも》」が出現《しゅつげん》する。さらに上の高度85km付近《ふきん》には「夜光雲《やこううん》」があらわれる。

霧《きり》

霧《きり》は、どんなときにできるの？

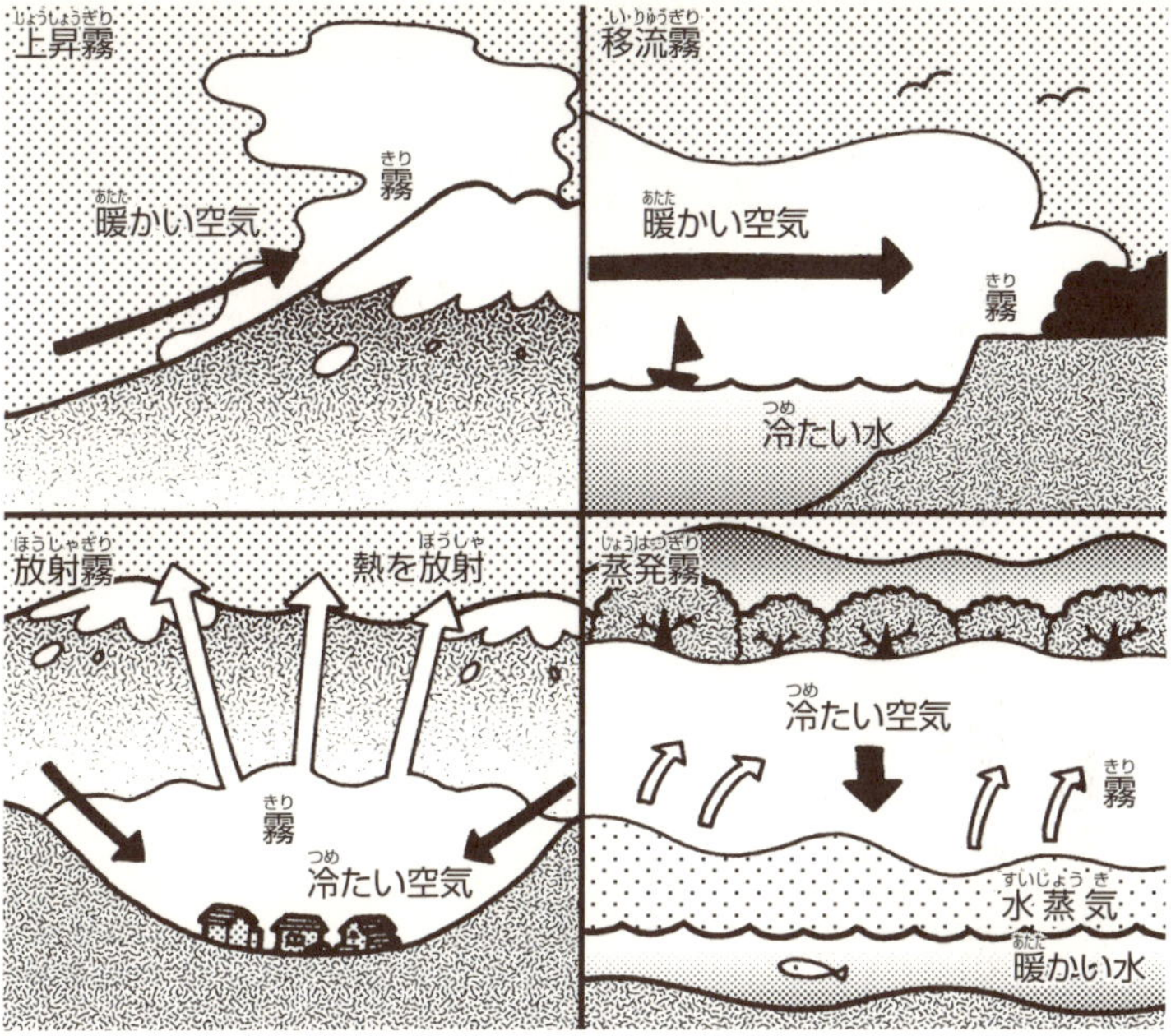

霧《きり》が発生するには、大気中に水蒸気《すいじょうき》がたくさんあり、気温が下がっていくことが必要《ひつよう》だ。よく見られる霧《きり》のでき方には、つぎのような4つのタイプがある。

移流霧《いりゅうぎり》　冷《ひ》えた海面や地面の上に、しめった暖《あたた》かい空気が流れこんでできる。海霧《うみぎり》、沿岸霧《えんがんぎり》など。

蒸発霧《じょうはつぎり》　川や池などの暖《あたた》かい水面に冷《つめ》たい空気がふれ、水面から蒸発《じょうはつ》した水蒸気《すいじょうき》が水滴《すいてき》にかわり立ちのぼる。川霧《かわぎり》。

上昇霧《じょうしょうぎり》　山腹《さんぷく》をふきあげる暖《あたた》かくしめった空気によってできる霧。山霧《やまぎり》。

放射霧《ほうしゃぎり》　よく晴れた風の弱い夜に、放射冷却《ほうしゃれいきゃく》（地面から熱《ねつ》が空に放出《ほうしゅつ》されて冷《ひ》えること）によってできる霧《きり》。盆地霧《ぼんちぎり》、内陸霧《ないりくぎり》、谷霧《たにぎり》など。

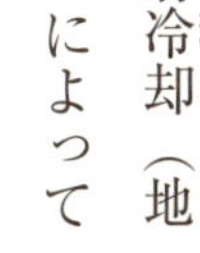

霧《きり》が発生すると危険《きけん》なことも多いが、ある農作物の栽培《さいばい》には適《てき》している。それは、つぎのうちのどれ？　**1** イネ　**2** ジャガイモ　**3** 茶　（答えはつぎのページ）

もっと知りたい！天気のことわざ

●雲編《へん》

雲は上空の大気のようすを教えてくれるので、天気のことわざにもよくでてくる。どんな、ことわざがあるか、みてみよう。

いわし雲がでると雨

いわし雲（巻積雲《けんせきうん》）は、移動《いどう》性高気圧《せいこうきあつ》のあとからやってくる低気圧《ていきあつ》にともなうことの多い雲だ。関東《かんとう》地方にこの雲がでていれば、西日本には低気圧《ていきあつ》があって雨。関東《かんとう》地方でも24時間以内《いない》に雨になることが多い。

雲のけんかは雨

「雲のけんか」とは、上層《じょうそう》と下層《かそう》の雲が反対方向に流れるという意味。日本の上空には強い偏西風《へんせいふう》がふいていて、ふつう雲はその流れにのって西から東に移動《いどう》する。ところが、西から低気圧《ていきあつ》が近づいてきたときは、下層《かそう》の雲が東から西に流れることがある。低気圧《ていきあつ》の中心に向かって、風が流れこむためだ。「雲のけんか」から24時間以内《いない》に雨になる確率《かくりつ》は、80パーセント。

あばら骨状《ぼねじょう》のすじ雲は雨

この雲は巻雲《けんうん》どうしが重なりあってできる雲で、低気圧《ていきあつ》がすすむ方向の前方にあらわれる。そのあとには高層雲《こうそううん》、乱層雲《らんそううん》（雨雲《あまぐも》）とつづき、雨になることが多い。

49ページの答え **3** 茶　春先に茶の新芽《しんめ》がでるころ、霜《しも》がおりると、新芽《しんめ》が被害《ひがい》にあう。霧《きり》がでると、霜《しも》はおりにくく、霜《しも》の害《がい》から新芽《しんめ》を守ってくれる。

天気の大常識…

その3

雨と雪を観《かん》察《さつ》しよう

雨

雨をふらすのは、どんな雲？

雲（霧《きり》）・雨・ひょうの粒《つぶ》の落下速度

種類《しゅるい》	直径《ちょっけい》(mm)	落下速度(cm/秒)
雲や霧《きり》	0.01	0.29
	0.02	1.3
霧雨《きりさめ》	0.1	26
	0.2	78
雨	1	390
	2	596
	3	750
ひょう	10	1390
	30	2810

＊cm/秒は、1秒間に何cmかということ。

雨は、雲をつくっている小さな水の粒《つぶ》（水滴《すいてき》）や氷の粒《つぶ》（氷晶《ひょうしょう》）が、たがいにくっついて、重くなって落ちてきたものだ。だが、空にあるすべての雲が地表に雨をふらせるわけではない。

地上数キロメートルの高いところにある雲では、雨の粒《つぶ》が落ちはじめても、地上にとどく前に蒸発《じょうはつ》してしまうこともある。また、うすい雲は、そのなかにある水滴《すいてき》や氷晶《ひょうしょう》が少ないので、雨になりにくい。まとまった雨をふらせる雲は、これらとは反対の雲、つまり雲底《うんてい》（雲のいちばん下の部分）が地表に近くて、厚《あつ》い雲だ。雲の名でいえば、乱《らん》層雲《そううん》（雨雲《あまぐも》）や積乱雲《せきらんうん》などだ。また、地表近くにある雲は、光の関係《かんけい》から黒く見えるので、黒い雲は雨をふらせやすい雲だといえる。

気象《きしょう》のことが、だいぶわかってきたかな？
クイズは、これからが本番だよ。

雨

「暖《あたた》かい雨」と「冷《つめ》たい雨」

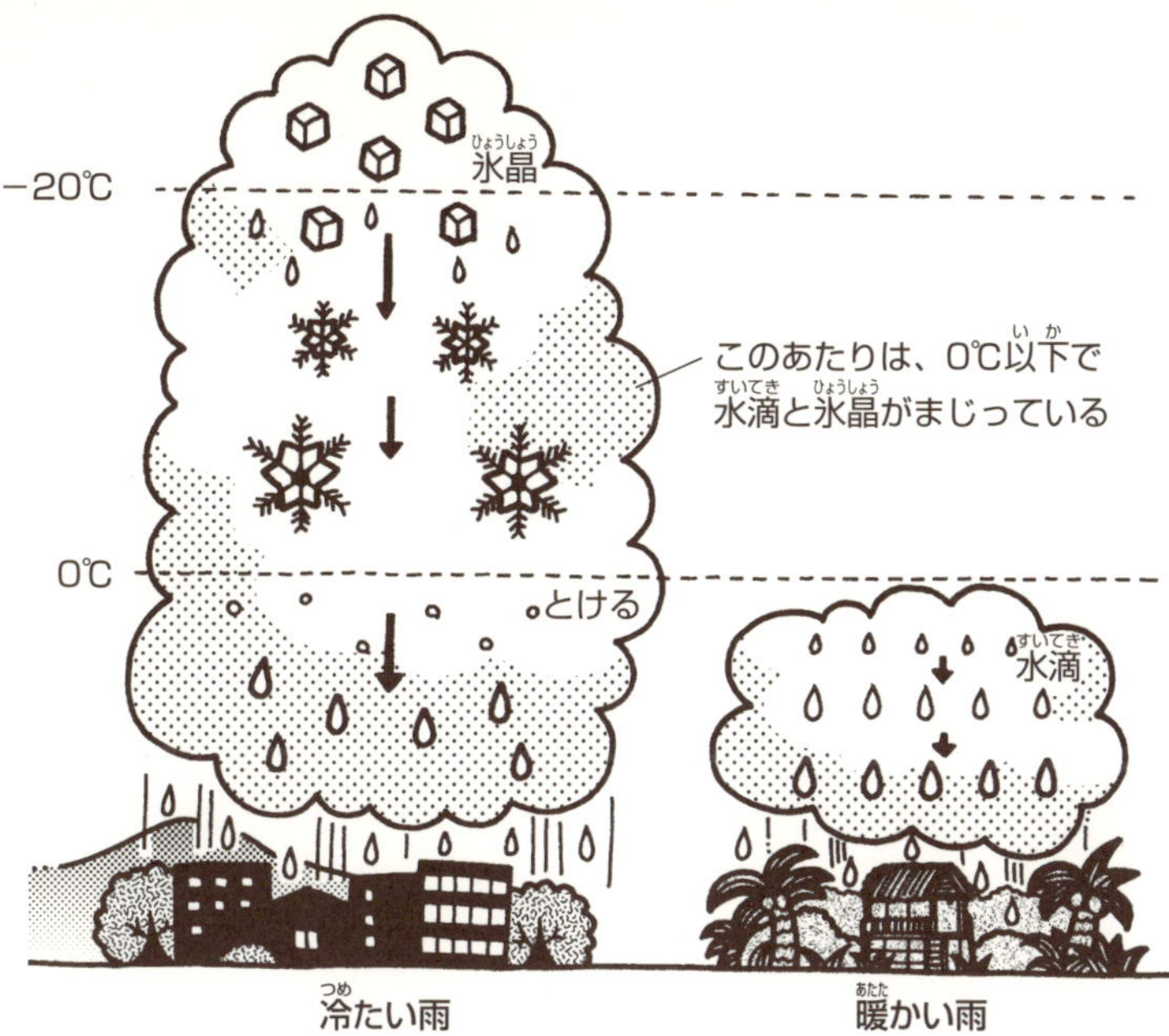

雨には「暖《あたた》かい雨」と「冷《つめ》たい雨」がある。これは、地表近くの雨水の温度ではなく、上空での雨のでき方からついた名だ。

「暖《あたた》かい雨」をふらす雲は、雲のなかの温度が0度より高く、雲粒《くもつぶ》が細かい水の粒《つぶ》（水滴《すいてき》）だけでできている。この水滴《すいてき》がくっつきあって大きくなり、地上に落ちてくるのだ。「暖《あたた》かい雨」がふるのはおもに熱帯《ねったい》地方で、日本でも夏に時どきふる。

いっぽう、「冷《つめ》たい雨」をふらせる雲のなかは、温度が0度以下《いか》で、水滴《すいてき》と氷の粒《つぶ》（氷晶《ひょうしょう》）とがいりまじっている。氷晶《ひょうしょう》は水滴《すいてき》をとりこんで大きくなり、やがて落ちてくる。とちゅうで気温が0度以上《いじょう》の大気の層《そう》のところまでくると、氷晶《ひょうしょう》はとけて「冷《つめ》たい雨」となる。日本など温帯《おんたい》地方にふる。

「暖《あたた》かい雨」の代表的《だいひょうてき》なもので、熱帯《ねったい》でみられる一時的《いちじてき》なはげしい雨風をなんという？　**1** ハリケーン　**2** モンスーン　**3** スコール　（答えはつぎのページ）

雨

日本には、なぜ雨の季節《きせつ》があるの？

日本には、夏のはじめごろに「梅雨《つゆ》」という雨の季節《きせつ》がある。これは「梅雨《ばいう》」ともいう。梅雨《つゆ》は日本列島《れっとう》から中国の南東部にかけてみられる現象《げんしょう》だ。梅雨《つゆ》に入ることを「入梅《にゅうばい》」とか「梅雨《つゆ》いり」といい、それが終わることを「梅雨《つゆ》あけ」という。

梅雨《つゆ》の天気図

停滞前線《ていたいぜんせん》の寒気団側《かんきだんがわ》（北側《きたがわ》）では、雨がふっている。

では、なぜ、梅雨《つゆ》があるのだろうか？

梅雨《つゆ》いりは、日本列島《れっとう》の南岸《なんがん》に「梅雨前線《ばいうぜんせん》」が停滞《ていたい》しはじめたときだ。この前線《ぜんせん》は、北のオホーツク海高気圧《かいこうきあつ》からの冷《つめ》たくしめった空気と、南の太平洋高気圧《たいへいようこうきあつ》からの暖《あたた》かくしめった空気がぶつかってできる「停滞前線《ていたいぜんせん》」だ。前線《ぜんせん》は雲をつくり、雨をふらせやすい。（34～35ページ参照《さんしょう》）

梅雨前線《ばいうぜんせん》をつくるふたつの高気圧《こうきあつ》は勢力《せいりょく》が同じくらいで、どちらもゆずらず、動こうとしないので、しとしとと雨がふる日がつづくことになる。

なお、梅雨前線《ばいうぜんせん》は北海道まではのびないので、北海道には梅雨《つゆ》というものはない。

53ページの答え **3** スコール　これは、急にふきはじめる強風で、それにともなう強い雨や雷雨《らいう》もふくめてスコールという。

雨

梅雨《つゆ》があけるのは、どういうとき？

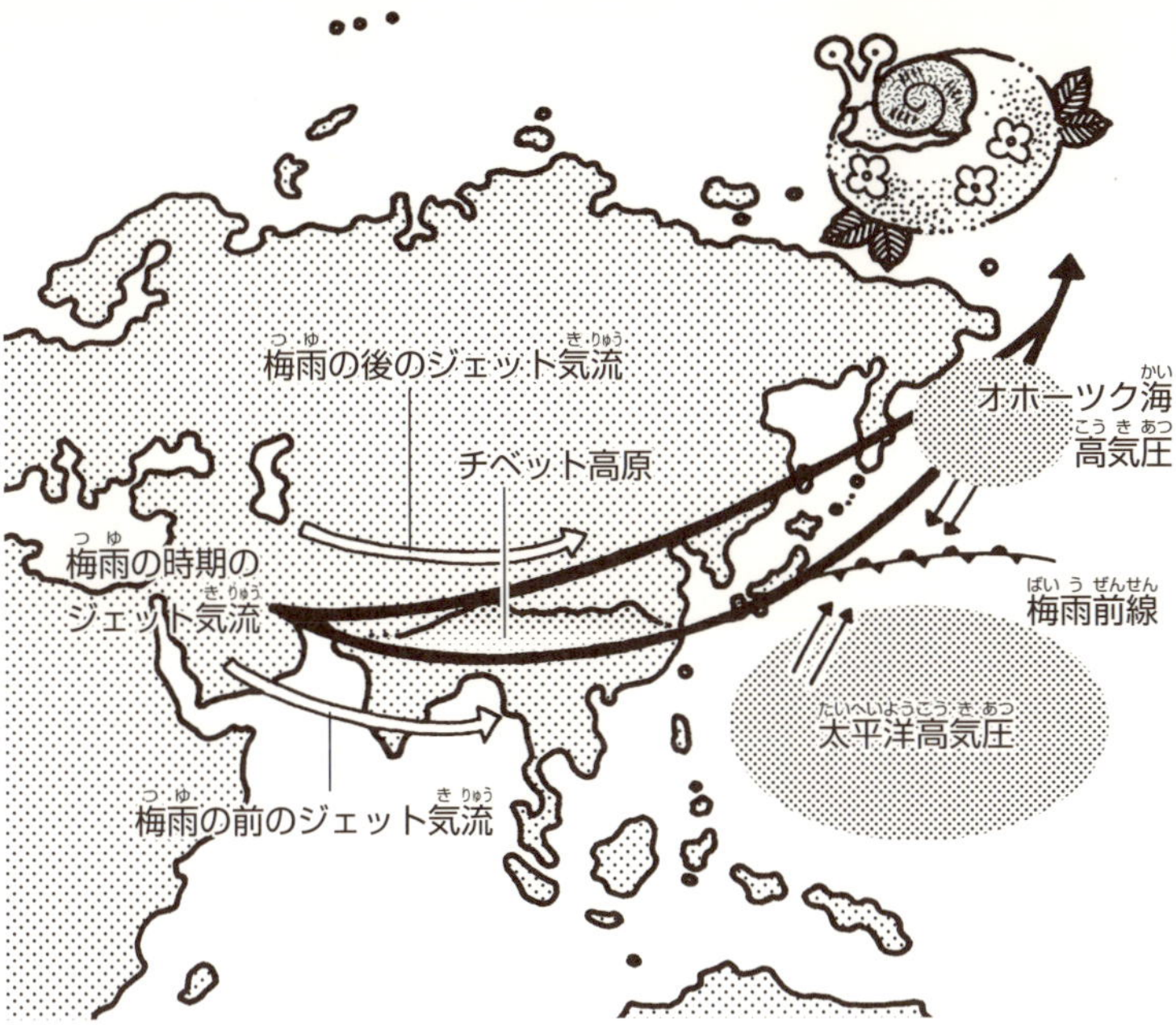

梅雨《つゆ》があけるのは、北のオホーツク海高気圧《かいこうきあつ》が弱まり、南の太平洋高気圧《たいへいようこうきあつ》が強まって、日本付近《ふきん》から梅雨前線《ばいうぜんせん》がなくなるときが多い。オホーツク海高気圧《かいこうきあつ》の勢力《せいりょく》の変化《へんか》には、じつは上空をふくジェット気流《きりゅう》と、ユーラシア大陸《たいりく》にあるチベット高原が関係《かんけい》している。

まず、梅雨《つゆ》に入るときをみてみよう。この時期のジェット気流《きりゅう》は、チベット高原によって流れがふたつにわかれ、日本列島《れっとう》の北東のオホーツク海の上空でふたたび合流する。ここに集まった空気は下降《かこう》して高気圧《こうきあつ》が発達《はったつ》する。これがオホーツク海高気圧《かいこうきあつ》だ。梅雨《つゆ》があけるころには、ジェット気流は高原の北側《きたがわ》に移動《いどう》し、これにつれてオホーツク海高気圧《かいこうきあつ》も弱まり、梅雨前線《ばいうぜんせん》も消える。

「つゆ」のことを「梅雨《ばいう》」というのはなぜ？　**1** ウメの実のような雨がふるから　**2** 梅雨《つゆ》の雨はすっぱいから　**3** ウメの実がじゅくすころにふるから　（答えはつぎのページ）

雨

梅雨《つゆ》はいつも同じようなの？

梅雨《つゆ》は毎年きまってやってくるが、年や地域《ちいき》によって雨が多かったり少なかったりする。また、そのふり方にも特《とく》ちょうがある。

雨のふり方からみて、「陽性型《ようせいがた》の梅雨《つゆ》」とか「陰性型《いんせいがた》の梅雨《つゆ》」ということがある。陽性型《ようせいがた》は雨がはげしくふったかと思うと、ときどき強い日ざしが照《て》りつけたりするタイプで、気温も高い。この型《かた》では、梅雨《つゆ》の終わりごろに、西日本で集中豪《しゅうちゅうごう》雨《う》がおこりやすい。陰性型《いんせいがた》は雨がしとしとふったり、くもりの日がつづくタイプで、気温は低《ひく》めだ。

梅雨《つゆ》は、年によってこのどちらかのタイプにわけられることがある。また、同じ年でも、地域《ちいき》によってタイプがちがう。西日本では陽性型《ようせいがた》が多く、東日本や北日本では陰性型《いんせいがた》になりやすい。

とくに雨の少ない年のことを「空梅雨《からつゆ》」という。水不足《みずぶそく》になって、日常《にちじょう》生活や農業などに大きな影《えい》響《きょう》をおよぼす。

55ページの答え **3** ウメの実がじゅくすころにふるから　かび（黴）が生《は》えやすいので「黴雨《ばいう》」といったという説《せつ》もある。

雨

日本は雨の多い国？

地球全体の1年間の平均降水量《へいきんこうすいりょう》（雨や雪のふった量《りょう》）は１０００ミリメートルで、日本の年平均《ねんへいきん》降水量《こうすいりょう》は１７００ミリだ。日本は雨にめぐまれた国といえるが、流れが急な川が多く、ふった雨は短時間で海に流れでてしまう。１７００ミリの降水《こうすい》のうち、資源《しげん》として利用《りよう》できるのは25パーセントだといわれる。だから、梅雨時《つゆどき》のまとまった雨は、ひじょうに貴重《きちょう》なのだ。

日本各地《かくち》の年間降水量《ねんかんこうすいりょう》のうち、梅雨時《つゆどき》の降水量《こうすいりょう》のしめる割合《わりあい》は、25〜30パーセントと高い。梅雨《つゆ》の雨は水田をうるおし、イネの生長に欠《か》かすことができない。また、梅雨《つゆ》の雨は、ダムや池や湖、森林の土壌《どじょう》などにたくわえられ、真夏《まなつ》の水がれをふせいでくれる。

地球上でもっとも降水量《こうすいりょう》が多い、インドのチェラプンジという町の年平均降水量《ねんへいきんこうすいりょう》は？　**1** 3200㎜　**2** 8750㎜　**3** 1万1500㎜　（答えはつぎのページ）

雨

秋の長雨《ながあめ》って、どんな雨？

８月終わりごろから９月になると、日本列島《れっとう》は北のほうから、しだいに天気のぐずつく日が多くなる。北の高気圧《こうきあつ》から北東の風が入りこみ、東日本の太平洋側《たいへいようがわ》などで、しとしとと雨のふりつづくことが多い。梅雨《つゆ》のころと同じように、本州付近《ふきん》に前線《ぜんせん》が停滞《ていたい》しやすくなるのだ。この雨は「秋の長雨《ながあめ》」とか「秋《しゅう》りん」とよばれる。梅雨《つゆ》のころとちがうところは、雨の区域《くいき》が北から南へとすすんでいくことだ。

これは、夏に日本の近くにあった太平洋高気圧《たいへいようこうきあつ》が弱まって南に下がり、これにかわって、北の高《こう》気圧《きあつ》が勢力《せいりょく》を強めるためだ。そして、このふたつの高気圧《こうきあつ》の境《さかい》めに前線《ぜんせん》ができて停滞《ていたい》する。これを「秋雨前線《あきさめぜんせん》」という。

秋の長雨《ながあめ》は、年によって差《さ》はあるものの、約《やく》１か月ほどつづく。この長雨《ながあめ》の季節《きせつ》が終わると、本《ほん》格的《かくてき》な秋がやってくる。

57ページの答え **３**　1万1500㎜　この町での最高記録《さいこうきろく》は、1860年8月から1年間にふった2万6461㎜。日本の平均《へいきん》の約《やく》16倍。もちろん世界記録《きろく》。

雨

集中豪雨《しゅうちゅうごうう》って、どうしておこるの？

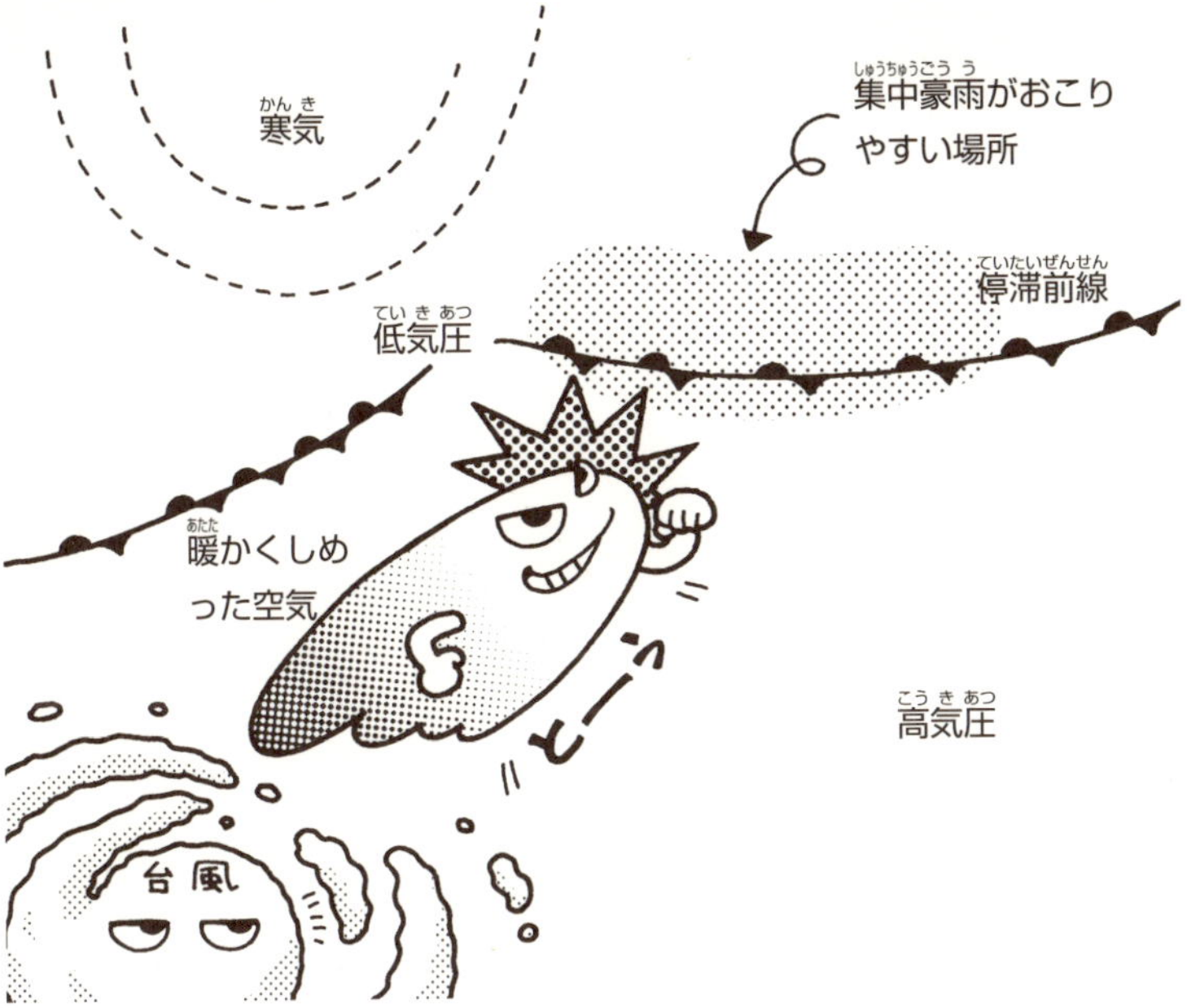

集中豪雨《しゅうちゅうごうう》は、せまい地域《ちいき》に短い時間で大量《たいりょう》にふる雨のこと。「何時間に何ミリメートルの雨」というような、きまりはない。集中豪雨《しゅうちゅうごうう》になると、土《ど》砂《しゃ》くずれや洪水《こうずい》など、気象災害《きしょうさいがい》がおこりやすい。

集中豪雨《しゅうちゅうごうう》は、どんなときにおこるのだろうか？梅雨前線《ばいうぜんせん》や秋雨前線《あきさめぜんせん》など前線《ぜんせん》が停滞《ていたい》しているとき、その前線《ぜんせん》に向けて、台風などから暖《あたた》かく、しめった空気が集中的《しゅうちゅうてき》にくりかえし流れこんだり、前線《ぜんせん》上《じょう》を低気圧《ていきあつ》が移動《いどう》するときに、よくおこる。

集中豪雨《しゅうちゅうごうう》は、台風のように、天気図のなかで形がはっきりつかめるものではない。しかし、集中《しゅうちゅう》豪雨《ごうう》のおきた日の天気図を見ると、日本付近《ふきん》に前線《ぜんせん》が停滞《ていたい》していて、その図のどこかに台風があることが多い。

日本で年平均降水量《ねんへいきんこうすいりょう》がいちばん多いのは、つぎのうちのどこ？

1 北海道の札幌《さっぽろ》 **2** 紀伊《きい》半島の尾鷲《おわせ》 **3** 沖縄《おきなわ》の那覇《なは》 （答えはつぎのページ）

雷《かみなり》

雷《かみなり》をおこすのはどんな雲？

雷《かみなり》は、稲妻《いなずま》や雷鳴《らいめい》とともに大気中を電気が流れる現象《げんしょう》だ。雷《かみなり》は、強い雨や、ときにひょうをともなうこともあり、雷《かみなり》と雨の両方をあわせて「雷雨《らいう》」

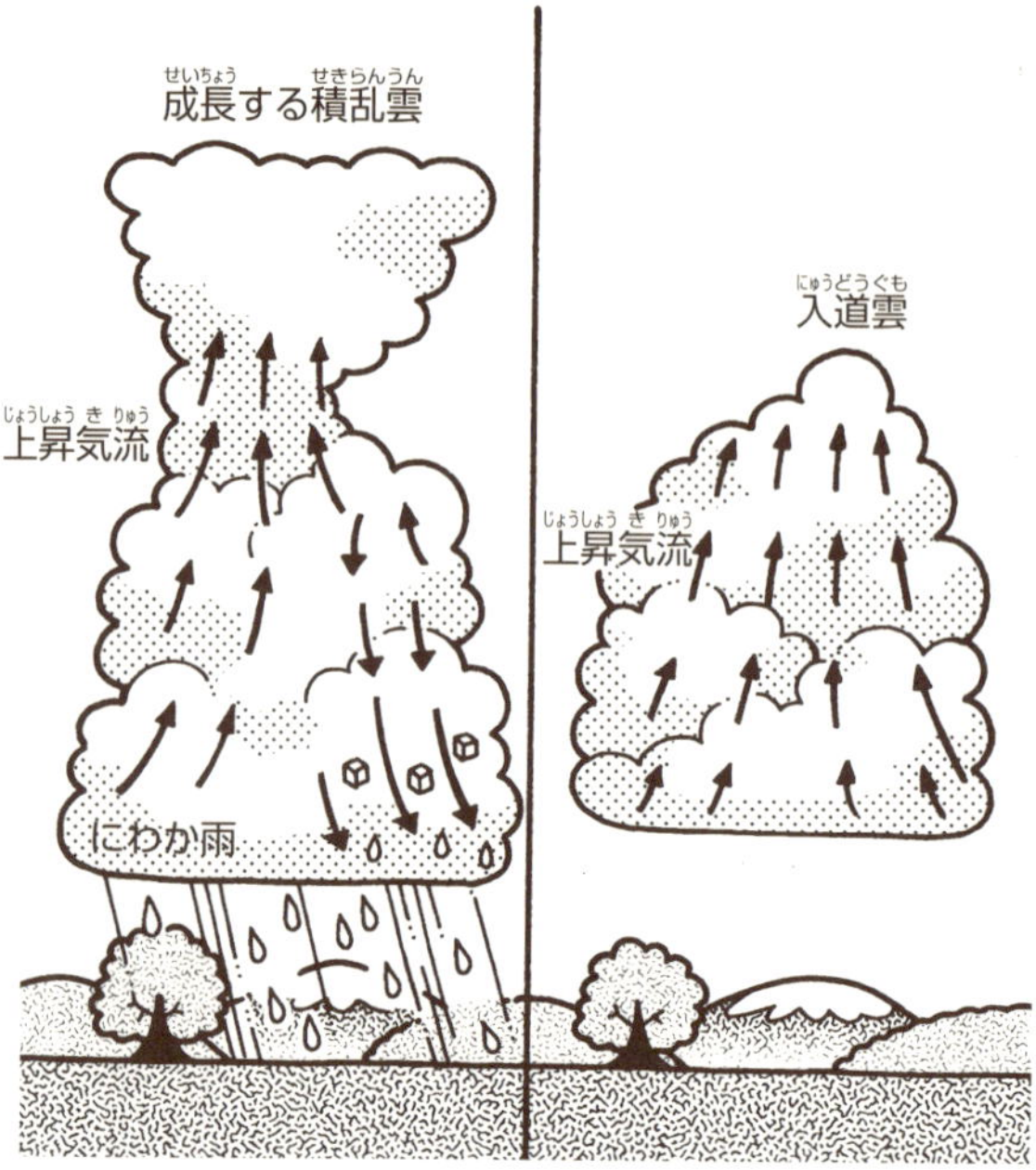

という。また、雷《かみなり》とともにふる雨だけをさして「雷雨《らいう》」ということもある。

　雷《かみなり》をおこすのは積乱雲《せきらんうん》で、とくにこの雲は「雷《かみなり》雲《ぐも》」ともよばれる。夏の青空にむくむくともりあがる「入道雲《にゅうどうぐも》」が発達《はったつ》したものだ。

　夏の雷《かみなり》をもたらす積乱雲《せきらんうん》は、強い日射《にっしゃ》によって地表付近《ふきん》のしめった大気が暖《あたた》められ、はげしい上《じょう》昇気流《しょうきりゅう》がおこることで、できることが多い。雲の高さは、はげしい上昇気流《じょうしょうきりゅう》によって、10キロメートル以上《いじょう》に達《たっ》する。

　積乱雲《せきらんうん》は夏だけでなく、寒冷前線《かんれいぜんせん》の付近《ふきん》や台風、低気圧《ていきあつ》の中心付近《ふきん》などでもでき、積乱雲《せきらんうん》のあるところには、雷《かみなり》のおこる可能性《かのうせい》がある。日本海側《にほんかいがわ》では、冬に積乱雲《せきらんうん》が多く発生し、雷《かみなり》が多い。

59ページの答え **2** 紀伊《きい》半島の尾鷲《おわせ》　札幌《さっぽろ》は1128mm、尾鷲《おわせ》は3922mm、那《な》覇《は》は2037mm。尾鷲《おわせ》など紀伊《きい》山地の一帯《いったい》は、日本一の多雨地帯《たうちたい》だ。

雷《かみなり》

稲妻《いなずま》や雷鳴《らいめい》は、どうしておこるの？

積乱雲《せきらんうん》のなかには、あられやひょうなど大小の氷の粒《つぶ》がまじっている。それらが、雲のなかのはげしい上昇気流《じょうしょうきりゅう》によって衝突《しょうとつ》をくりかえし、プラスとマイナスの電気が発生する。

雷《かみなり》がおこるときの電気の流れ

そして、雲の上部にはプラスの電気が、下部にはマイナスの電気がたまっていく。空気は電気を通しにくい性質《せいしつ》をもっているが、プラスとマイナスの電気の量《りょう》がふえつづけると、ついには、雲のなかを電気が流れるようになる。この電気の流れが雷《かみなり》だ。このときの電圧《でんあつ》は数億《おく》ボルトから数十億《おく》ボルトになる。

電気は、通りにくい空気中を一時的《いちじてき》に大量《たいりょう》に流れるとき、光を発する。これが稲妻《いなずま》だ。稲妻《いなずま》は「電光《でんこう》」ともいう。稲妻《いなずま》は、その通り道の空気を瞬間的《しゅんかんてき》に3万度もの高温に暖《あたた》める。暖《あたた》められた空気は急激《きゅうげき》に膨張《ぼうちょう》し、まわりの空気を振動《しんどう》させる。この空気の振動音《しんどうおん》が、あの耳をつんざくような雷鳴《らいめい》なのだ。

「入道雲《にゅうどうぐも》」の「入道《にゅうどう》」とは、どういう意味かな？　**1** 入り口の道路のこと　**2** 坊主頭《ぼうずあたま》の妖怪《ようかい》のこと　**3** プロレスラーのこと　（答えはつぎのページ）

雷《かみなり》

雷《かみなり》が近いか、遠いか、わかるの？

雷《かみなり》は、稲妻《いなずま》につづいて雷鳴《らいめい》がすぐとどろくときもあれば、遠くに稲妻《いなずま》を見て、しばらくしてから雷鳴《らいめい》がつづくときもある。稲妻《いなずま》と雷鳴《らいめい》との間の時間が短いほど、雷《かみなり》は近くでおこっている。

光は空気のなかを一瞬《いっしゅん》にして伝《つた》わるが、音は1秒間に約《やく》340メートルの速さで伝《つた》わる（気温15度のとき）。音が伝《つた》わる速度は、光よりずっとおそいのだ。稲妻《いなずま》の光った瞬間《しゅんかん》から雷鳴《らいめい》までに何秒かかったかをはかって、それに1秒間に音がすすむ距《きょ》離《り》の340メートルをかければ、自分のいるところから雷《かみなり》の発生した場所までの、おおよその距離《きょり》を知ることができる。

今度、雷《かみなり》が鳴ったときは、きみも雷《かみなり》までの距離《きょり》をはかってみよう。

61ページの答え **2** 坊主頭《ぼうずあたま》の妖怪《ようかい》のこと　積乱雲《せきらんうん》がむくむくとわきあがった姿《すがた》は、巨大《きょだい》な妖怪《ようかい》が空にのびあがった姿《すがた》のようね。

雷《かみなり》

雷《かみなり》から身を守る方法《ほうほう》は？

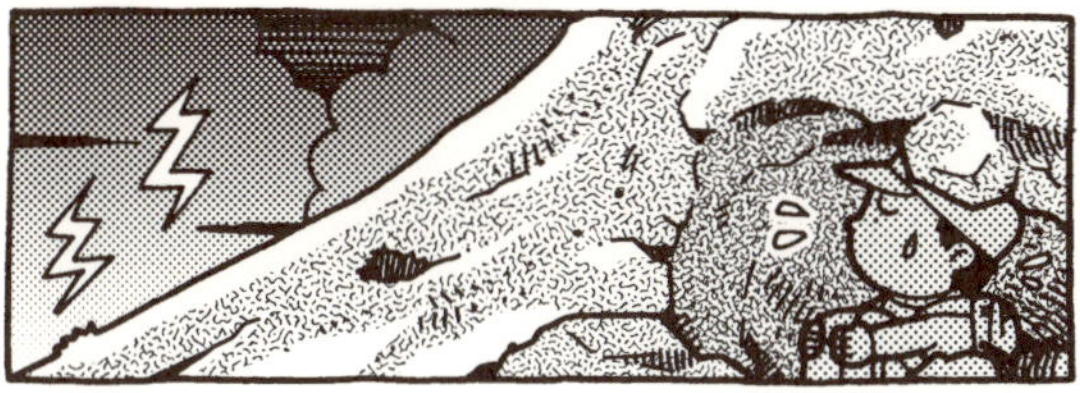

電気の流れは、雲のなかだけでなく、雲と地表との間でもおこる。雲と地表との間の電気の流れが「落雷《らくらい》」、つまり雷《かみなり》が落ちるということだ。落《らく》雷《らい》はひじょうに危険《きけん》で、雷《かみなり》が落ちると、命をおとすことがある。

野外にいるとき雷《かみなり》が近づいてきたら、すぐ建物《たてもの》のなかに入ろう。自動車、電車など金属製《きんぞくせい》の箱のなかは安全だ。避難《ひなん》する場所がないときは、落雷《らくらい》から身を守るために、つぎの点に気をつけよう。

◇ひらけた場所では、姿勢《しせい》を低《ひく》くする。傘《かさ》、つりざおなどは、体より高く突《つ》きださない。

◇登山中なら、山の頂上《ちょうじょう》や尾根《おね》をさけ、くぼ地を見つけて避難《ひなん》する。また、みんなでかたまらずに、ひとりずつちらばって、身を低《ひく》くする。

◇近くに高い木や塔《とう》があれば、そこから2メートル以上《いじょう》はなれて、姿勢《しせい》を低《ひく》くする。木の場合は、どの枝《えだ》からも2メートル以上《いじょう》はなれる。

雷《かみなり》の害《がい》をふせぐために、建物《たてもの》の屋上《おくじょう》や屋根などにとりつけるものを、なんという？ **1** 地震計《じしんけい》 **2** アンテナ **3** 避雷針《ひらいしん》 （答えはつぎのページ）

雨

天気雨《てんきあめ》はなぜふるの？

青空が見え、太陽がでているのに、雨がふってくる現象《げんしょう》が「天気雨《てんきあめ》」だ。このふしぎな現象《げんしょう》がおこるのは、遠くにある雲から落ちている雨の粒《つぶ》が、強い風に流されてきたときだ。また、雨の粒《つぶ》が地上に落ちてくる間に、雲が消えてしまったという場合もある。さらに、雲の切れめから太陽がのぞいていても、そのまわりの雲から雨がふっているというときもある。

天気雨《てんきあめ》は「キツネの嫁入《よめい》り」「天泣《てんきゅう》」「日照《ひで》り雨」「日向雨《ひなたあめ》」などともよばれる。天気雨《てんきあめ》をなぜ「キツネの嫁入《よめい》り」というのか、はっきりしたことはわからないが、キツネは人をだますといういいつたえと関係《かんけい》があるのだろう。「天泣《てんきゅう》」は中国からきたことばだ。

63ページの答え **3** 避雷針《ひらいしん》　高い建物《たてもの》の屋上《おくじょう》などに金属製《きんぞくせい》の棒《ぼう》を立て、これと地面を電流をよく通す導線《どうせん》でつなぎ、雷《かみなり》の電流を地面に流すしくみよ。

虹《にじ》

虹《にじ》は、どうしてできるの？

夏の夕立《ゆうだち》のあとなど、空にきれいな虹《にじ》がかかることがある。虹《にじ》をつくるのは、大気中にうかんでいる細かな水滴《すいてき》と、太陽の光だ。

太陽の光は、電磁波《でんじは》という波《なみ》の一種《いっしゅ》で、テレビなどに使われる「電波《でんぱ》」の兄弟のようなものだ。太陽の光は、その波《なみ》の長さ（波長《はちょう》）によって、赤や青など連続《れんぞく》した7つの色になるが、ふつうの状《じょう》態《たい》では全部がまじりあって、白っぽく見える。

太陽の光が空気中にある水滴《すいてき》にあたると、光は折《お》れ曲《ま》がって（屈折《くっせつ》して）水滴《すいてき》のなかに入り、反射《はんしゃ》して出ていく。そのとき、波長《はちょう》によって、折《お》れ曲《ま》がりかたがちがうため、光は赤、だいたい、黄、緑、青、あい、紫《むらさき》と、太陽光がもともともっている連続《れんぞく》した7色にわかれるのだ。これが虹《にじ》だ。

虹《にじ》をつくってみよう

ホースで虹《にじ》をつくってみよう。ホースのノズルを「シャワー」「じょうろ」「霧《きり》」などにかえ、虹《にじ》のでき方や見え方をしらべよう。太陽がどの位置《いち》にあるとき、虹《にじ》ができるかな？

夜に虹《にじ》はできるか？　**1** できる　**2** できない　（答えはつぎのページ）

雪

雪はどうしてふるの？

雪がふるしくみは、53ページの「冷《つめ》たい雨」がふるしくみと同じだ。上空にある0度以下《いか》の雲のなかでは、氷の粒《つぶ》（氷晶《ひょうしょう》）と細かい水滴《すいてき》がいっしょに存在《そんざい》している。やがて、水滴《すいてき》は氷晶《ひょうしょう》とくっつき、氷晶《ひょうしょう》は大きくなって落ちはじめる。

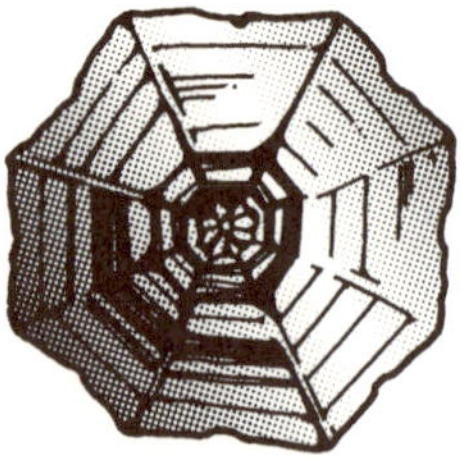

板状結晶《いたじょうけっしょう》（角板《かくばん》）

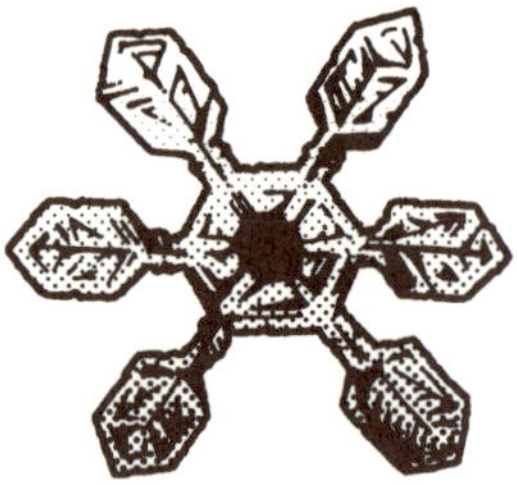

星状結晶《ほしじょうけっしょう》（扇形六花《おうぎがたろっか》）

星状結晶《ほしじょうけっしょう》（樹枝状六花《じゅしじょうろっか》）

柱状結晶《はしらじょうけっしょう》

53ページに、六角形のきれいな形のものがある。これは雪の結晶《けっしょう》のひとつだ。氷晶《ひょうしょう》が大きくなったものが、雪の結晶《けっしょう》だ。雨がふるときも、雲のなかでは、いったんは雪ができていることが多い。地上の気温が低《ひく》いと、それがとけずに落ちてくる。

雪の結晶《けっしょう》には、上の絵のように、さまざまな形がある。結晶《けっしょう》の形をきめるのは、それが成長《せいちょう》する場所の気温と湿度《しつど》（水蒸気《すいじょうき》の量《りょう》）だ。だから、逆《ぎゃく》に、雪の結晶《けっしょう》の形から、上空の気温や湿度《しつど》が推測《すいそく》できる。このことを実験《じっけん》で明らかにした中谷《なかや》宇吉《うきち》郎《ろう》博士《はかせ》は、「雪の結晶《けっしょう》は天から送られた手紙である」という有名なことばを残《のこ》している。

65ページの答え **1** できる　月の光がつくる虹《にじ》を「月虹《げっこう》」という。形はふつうの虹《にじ》と同じだが、あわいので色の区別《くべつ》はつきにくい。

雪

粉雪《こなゆき》とぼたん雪は、どうちがうの？

雪は、空からふってくる小さな氷だ。結晶《けっしょう》がひとつずつふってきたり、ふたつ以上《いじょう》くっつきあっていたり、いろいろなふり方がある。

雪の結晶《けっしょう》の成長《せいちょう》のしかた

温度と湿度《しつど》によって、いろいろな形の結晶《けっしょう》ができる。

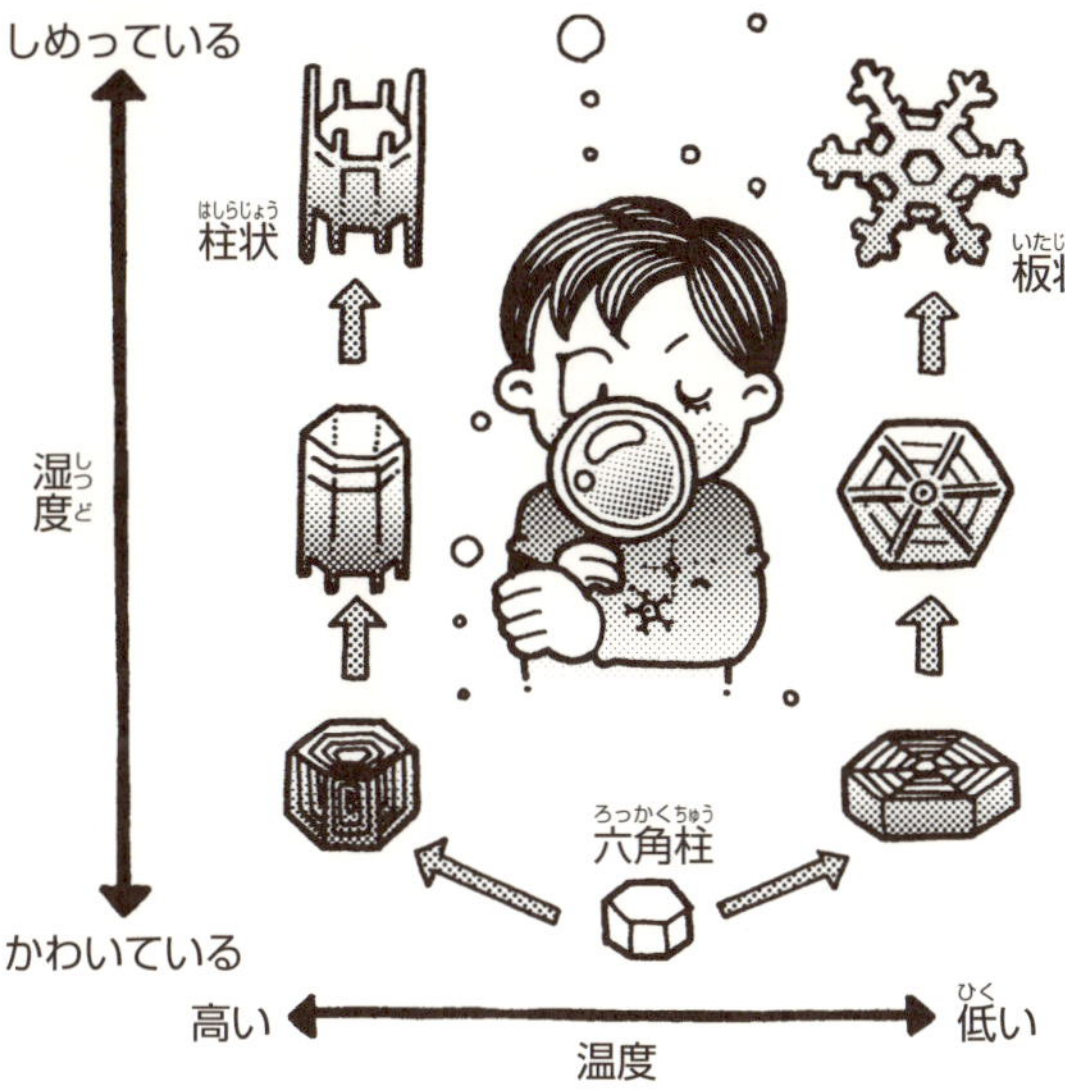

「粉雪《こなゆき》」は、気温の低《ひく》いときにふる細かな雪の結《けっ》晶《しょう》で、直径《ちょっけい》2ミリメートルほどの雪をいう。また一般《いっぱん》に、サラサラした粉状《こなじょう》の雪も粉雪《こなゆき》という。こちらの粉雪《こなゆき》は、強い風によって空中にまいあがり、吹雪《ふぶき》になることもある。

雪の結晶《けっしょう》がふたつ以上《いじょう》くっついたものを「雪《せっ》片《ぺん》」という。気温がそれほど低《ひく》くないときは、雪片《せっぺん》となってふることが多い。雪片《せっぺん》の大きなものを「ぼたん雪」とか「綿雪《わたゆき》」とよぶ。これは、数百もの結晶《けっしょう》がくっつきあって、直径《ちょっけい》3～4センチメートルの大きさになることもある。これまでに日本でふった最大《さいだい》のぼたん雪は、直径《ちょっけい》10.2センチ。1927年に高知市で観測《かんそく》された。

なお「みぞれ」は、雨と雪が同時にふる現象《げんしょう》だ。

日本で、いちばん南のみぞれは、どこでふった？　**1** 沖縄《おきなわ》県の久米島《くめじま》　**2** 鹿《か》児島《ごしま》県の宝島《たからじま》　**3** 東京都・小笠原諸島《おがさわらしょとう》の母島《ははじま》　（答えはつぎのページ）

あられとひょう

あられとひょうは、どうちがうの？

どちらも空からふってくる氷の粒《つぶ》だが、直径《ちょっけい》が5ミリメートル未満《みまん》のものを「あられ」、5ミリ以上《いじょう》のものを「ひょう」という。

あられ・ひょうのできるしくみ

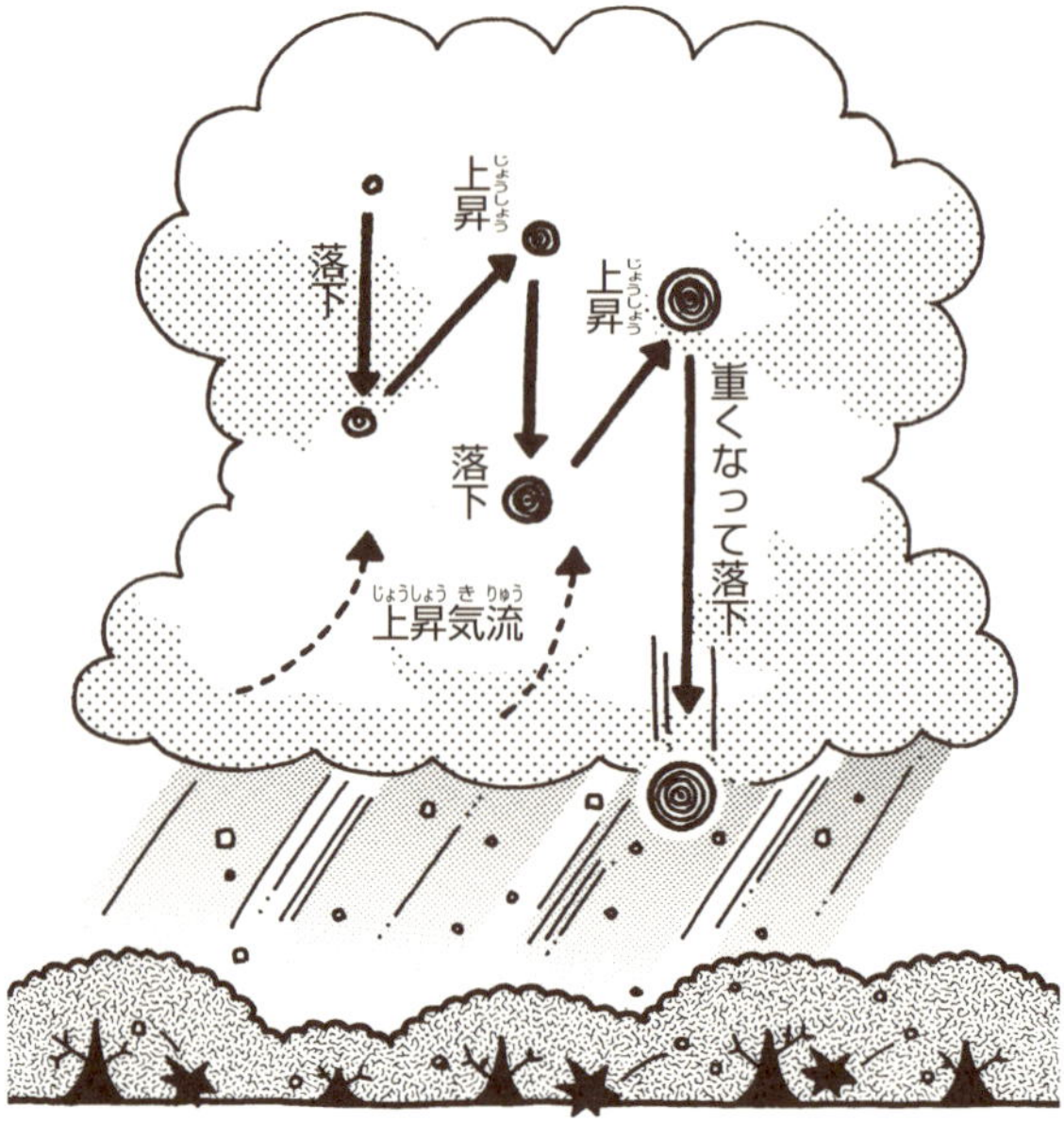

あられは、雲のなかの雪の結晶《けっしょう》がもとになっている。結晶《けっしょう》が、雲の内部の気流《きりゅう》にもまれるうちに、表面に水滴《すいてき》の雲粒《くもつぶ》がくっついて、だんだん丸く大きくなり、やがて地上に落ちてくる。

発達《はったつ》した積乱雲《せきらんうん》のなかでは、強い上昇気流《じょうしょうきりゅう》があるので、あられが雲のなかで上昇《じょうしょう》と落下をくりかえし、どんどん大きくなって、ひょうに成長《せいちょう》する。そして、地上にいきおいよく落ちてくる。

これまでに観測《かんそく》された日本で最大《さいだい》のひょうは、1917年に埼玉《さいたま》県でふったもので、直径《ちょっけい》30センチメートル、重さ3.4キログラムといわれる。また、中国では大きなひょうがふって、死者が出たという話も伝《つた》わっている。

67ページの答え **1** 沖縄《おきなわ》県の久米島《くめじま》 北緯《ほくい》26.3°にある久米島《くめじま》で、1977年2月17日に雨に雪がまじる「みぞれ」が観測《かんそく》された。

霜《しも》と露《つゆ》

霜《しも》と露《つゆ》、霜柱《しもばしら》のちがいは？

「霜《しも》」は、冬の晴れた寒い朝などに、地面やその上にあるものを真っ白におおっている小さな氷の結晶《けっしょう》だ。地表が0度以下《いか》に冷《ひ》やされて、空気中の水蒸気《すいじょうき》が地表で氷の結晶《けっしょう》になったものだ。

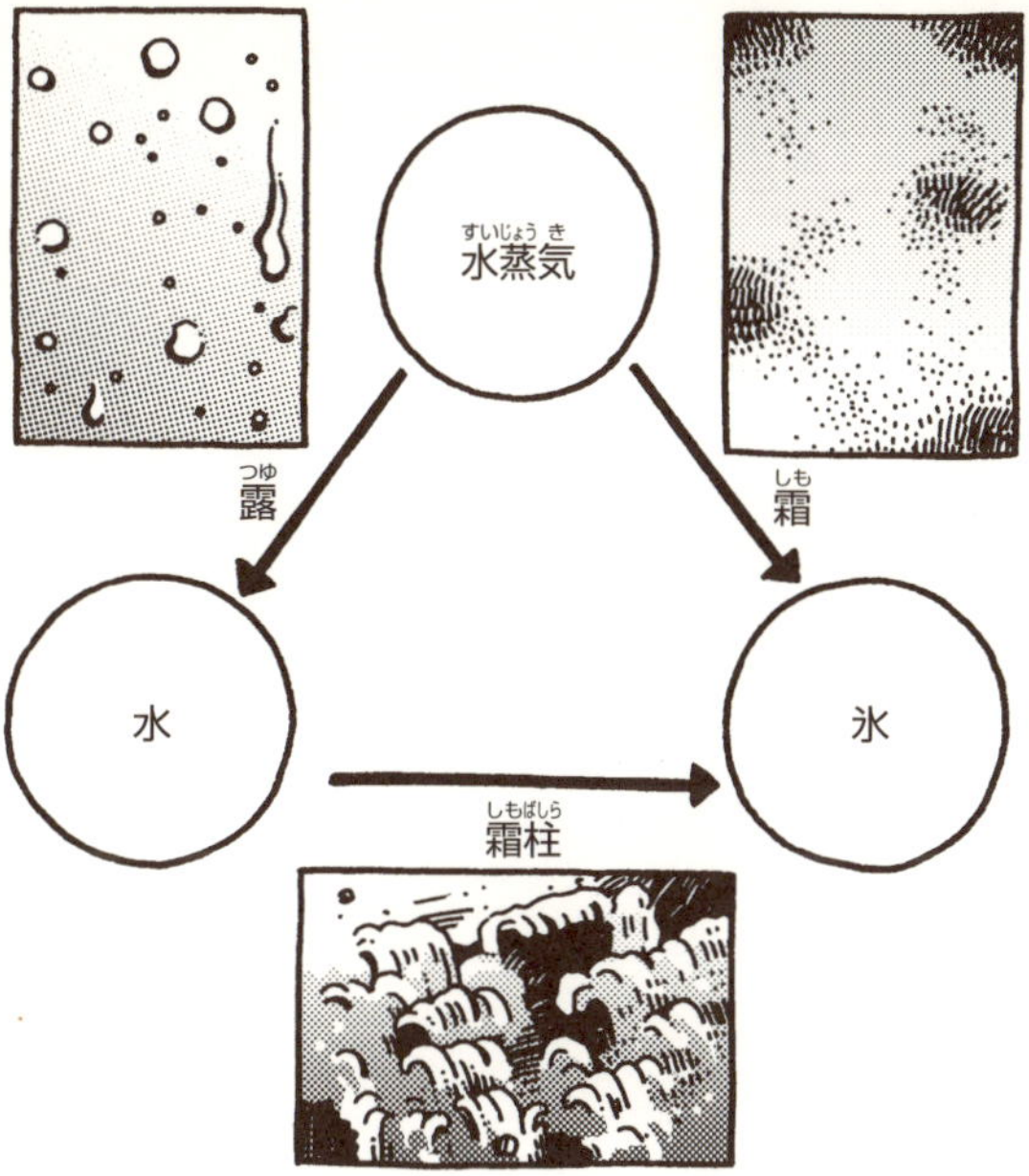

「露《つゆ》」は、地面やその上のものにつく水滴《すいてき》のこと。露《つゆ》も霜《しも》とよく似《に》た原理《げんり》でできるが、空気中の水蒸《すいじょう》気《き》が冷《ひ》やされて、氷の結晶《けっしょう》ではなく水滴《すいてき》になったもの。地表の温度が0度より高いときにできる。

いっぽう、「霜柱《しもばしら》」は細い氷の柱が何本も集まったような形で、土をもちあげている。これは、霜《しも》や露《つゆ》とはでき方がちがい、土のなかの水が地表にしみだして凍《こお》ったものだ。

この3つの現象《げんしょう》は、水の状態《じょうたい》の変化《へんか》をよくあらわしている。霜《しも》は、気体《きたい》の水蒸気《すいじょうき》から固体《こたい》の氷への変化《へんか》（昇華《しょうか》）、露《つゆ》は気体《きたい》の水蒸気《すいじょうき》から液体《えきたい》の水への変化《へんか》（凝結《ぎょうけつ》）、霜柱《しもばしら》は液体《えきたい》の水から固体《こたい》の氷への変化《へんか》（凝固《ぎょうこ》）だ。

富士山《ふじさん》の初雪《はつゆき》は、毎年、いつごろふるか？

1 5月ごろ　**2** 7月ごろ　**3** 9月ごろ　（答えはつぎのページ）

もっと知りたい!

天気のことわざ

●生物編《へん》

身近な生物の行動から生みだされた天気のことわざもたくさんある。

ツバメが低《ひく》く飛《と》ぶと雨

ツバメは空中を飛《と》びながら、えさになる小さな昆虫《こんちゅう》をつかまえる。低気圧《ていきあつ》が近づいてきて、空気中の湿度《しつど》が高くなると、昆虫《こんちゅう》の羽に水分がつき、体重がふえて、高く飛《と》べなくなる。そして、この虫たちをねらうツバメも、低《ひく》く飛《と》ぶというわけだ。

朝、クモの巣《す》に水滴《すいてき》があれば、その日は晴れ

この水滴《すいてき》は、クモの巣《す》についた露《つゆ》だ。露《つゆ》がおりるのは、風の弱い雲のない夜に、地上付近《ふきん》の熱《ねつ》がうばわれて地面が冷《ひ》えたとき。雲がないということは、天気がいい。

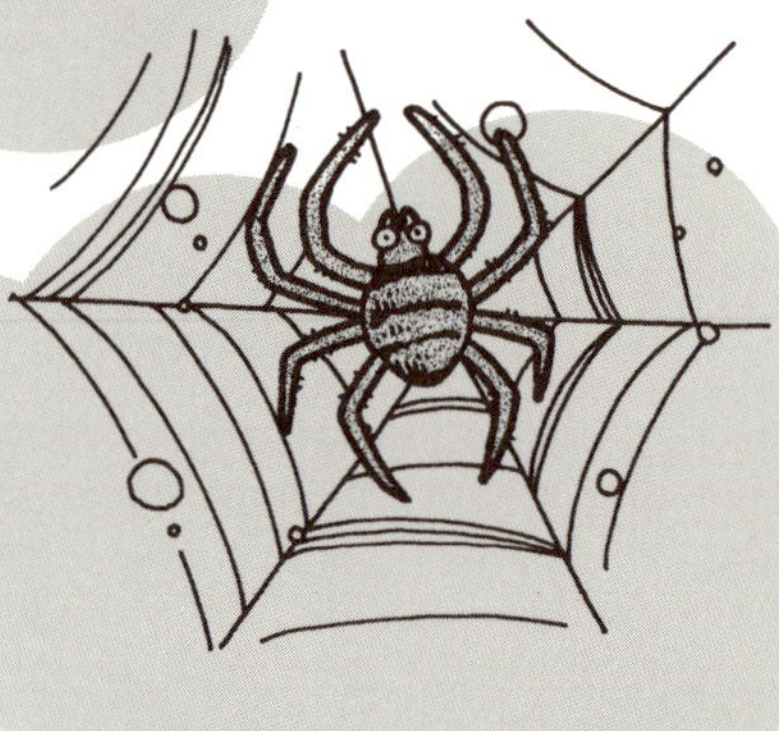

朝はやくスズメが鳴けば、晴れ

小鳥がもっともよく鳴くのは、日の出の前後の時間帯《じかんたい》だ。このころ、スズメがチュンチュン鳴けば、その日はたいてい天気がいい。スズメは天気に敏感《びんかん》で、晴れる日ほど、よく鳴くからだ。

69ページの答え **3** 9月ごろ　富士山《ふじさん》のような高い山では、1年中雪がふることがあるので、その年の日平均気温《ひへいきんきおん》が最高《さいこう》の日のあとの雪を初雪《はつゆき》としている。

天気の大常識…

その4

台風とたつまきのふしぎ

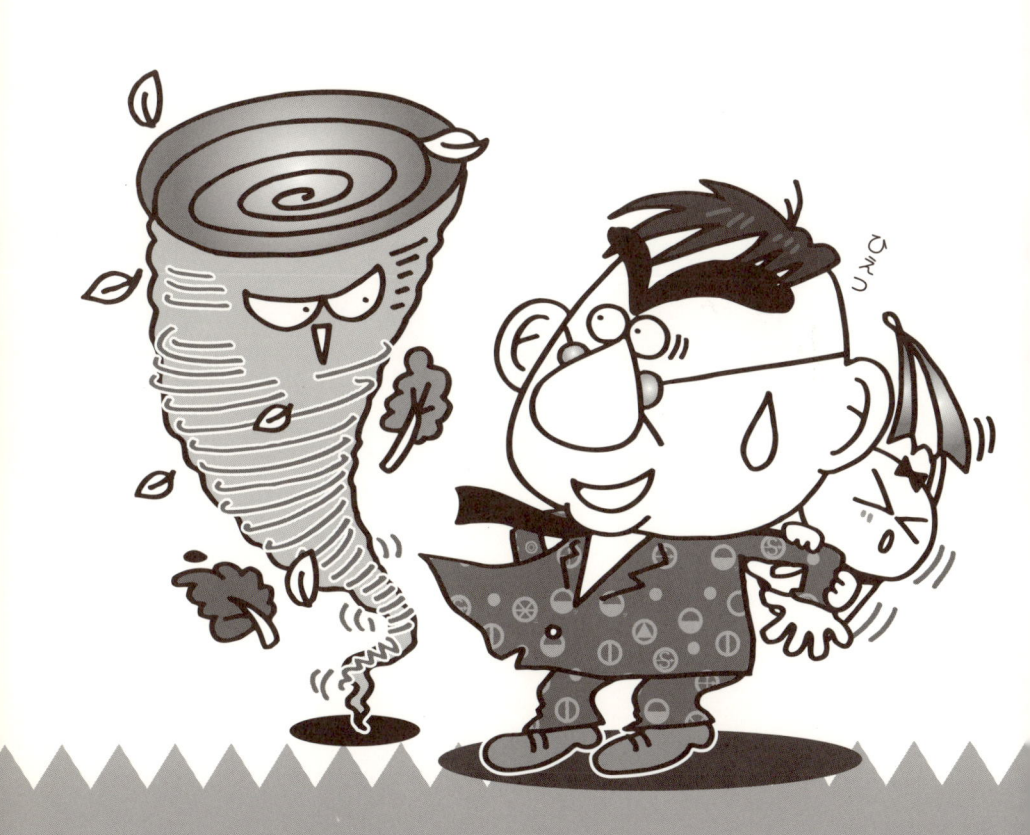

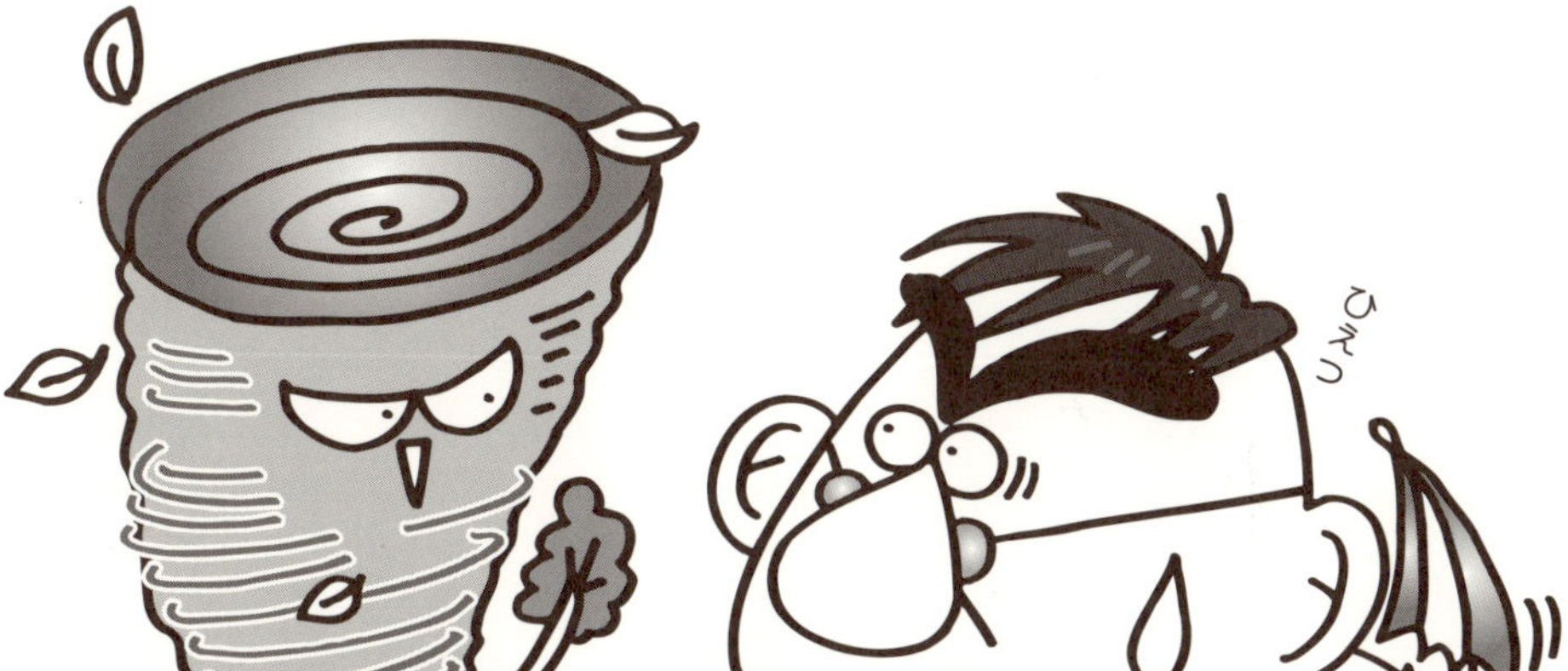

台風

台風とその仲間《なかま》たち

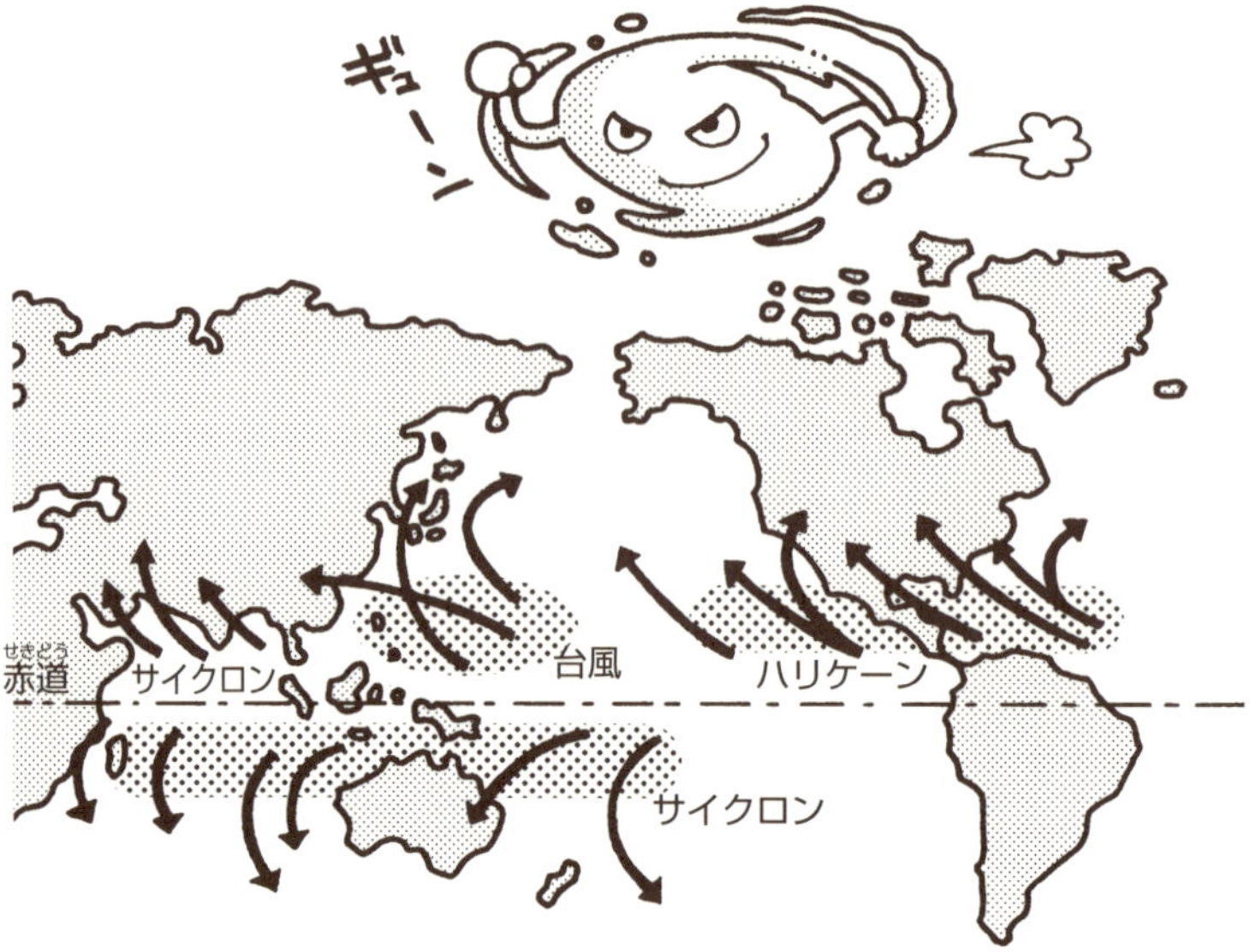

台風は毎年、おもに夏から秋にかけて、日本にやってくる。南の海上から日本列島《れっとう》に向かって北上し、各地《かくち》に風水害《ふうすいがい》をもたらして消えていく。その実体《じったい》は、雲が集まった巨大《きょだい》な渦《うず》まきなのだ。

台風はフィリピンの東の海上や南シナ海、マリアナ諸島近海《しょとうきんかい》で発生する熱帯低気圧《ねったいていきあつ》の仲間《なかま》だ。そのなかでも、とくに中心付近《ふきん》の最大風速《さいだいふうそく》が毎秒17.2メートル以上《いじょう》のものを台風とよぶ。時速にすると約《やく》62キロメートルだ。

ハリケーンやサイクロンも台風と同じ性質《せいしつ》をもった熱帯低気圧《ねったいていきあつ》だ。北アメリカのメキシコ湾《わん》や太《たい》平洋《へいよう》東部で発生するものをハリケーン、インド洋やアラビア海、南半球のオーストラリア周辺《しゅうへん》で発生するものをサイクロンという。

いよいよ台風の登場よ。手ごわいかもよ？

台風

台風はどうしてできる？

台風が生まれる場所は、南の暖《あたた》かい海だ。赤道《せきどう》から少しはなれた北半球や南半球の熱帯《ねったい》や亜熱帯《あねったい》の、水温が27度以上《いじょう》の海で発生する。

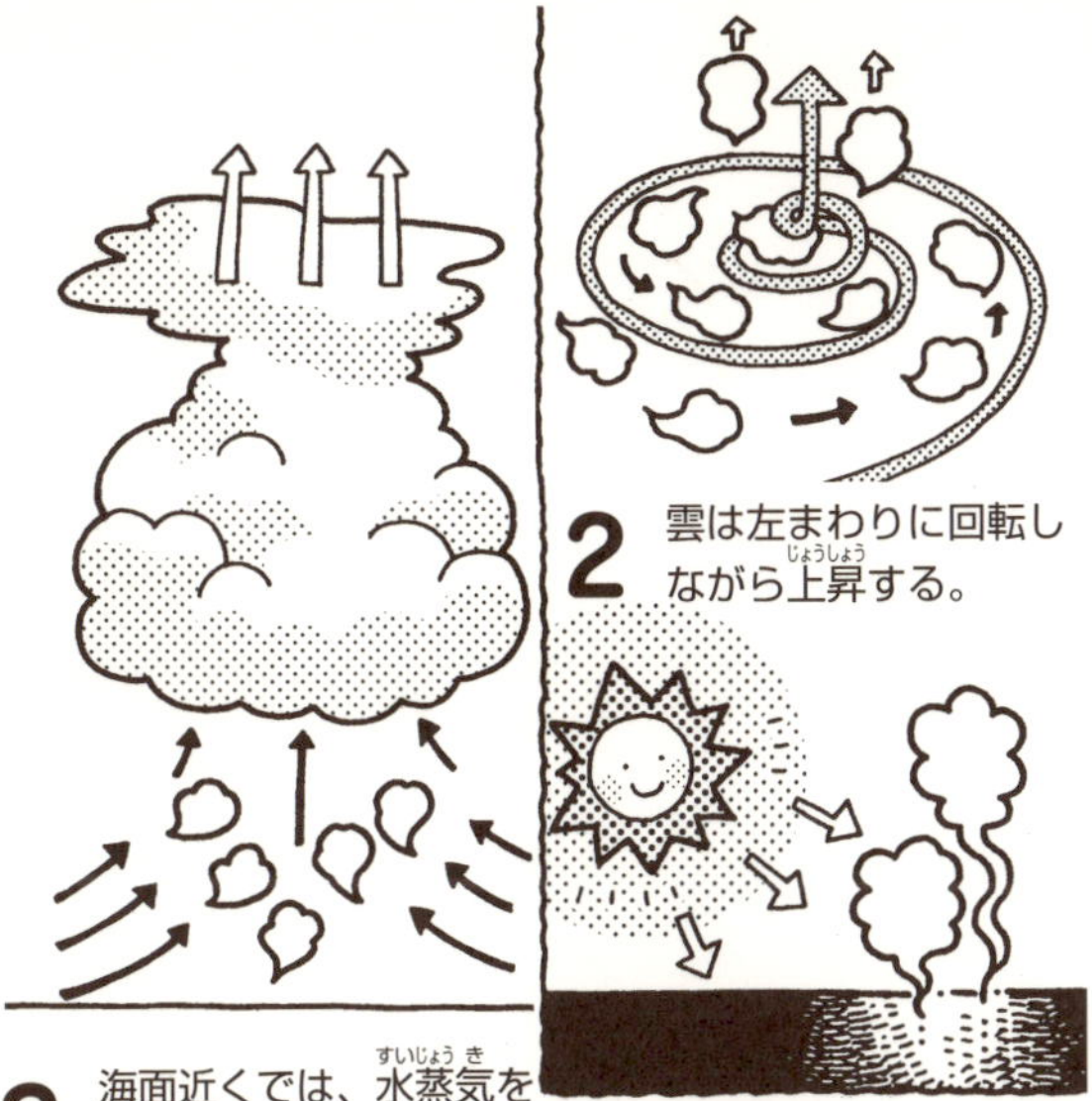

1 水蒸気《すいじょうき》が上空へのぼっていって雲になる。

2 雲は左まわりに回転しながら上昇《じょうしょう》する。

3 海面近くでは、水蒸気《すいじょうき》をふくんだ空気が、中心に向かってつぎつぎに流れこむ。

ここでは高温で湿度《しつど》の高い空気が、どんどん上空へのぼっている。これを上昇気流《じょうしょうきりゅう》という。なかにはクルクルと渦《うず》をまきながらのぼっていくものもある。海面に近いところでは、まわりの海から水蒸気《すいじょうき》がつぎつぎに補給《ほきゅう》され、中心に向かって回転しながら流れこみ、強い上昇気流《じょうしょうきりゅう》の渦《うず》が、どんどん大きくなる。

いっぽう、上空では上がってきた水蒸気《すいじょうき》が冷《ひ》えて、雲の粒《つぶ》となり、積雲《せきうん》や積乱雲《せきらんうん》をつくる。このとき、ものすごい量《りょう》の熱《ねつ》エネルギーが発生し、これがエネルギーとなり、上昇気流《じょうしょうきりゅう》がはげしくおこり、中心に向かってふきこむ風はますます強くなる。これらの積乱雲《せきらんうん》が集まると熱帯低気圧《ねったいていきあつ》となり、さらに台風へと成長《せいちょう》していく。

「台風」は、もともとはどこのことば？
1 中国　2 イギリス　3 アラビア　（答えはつぎのページ）

台風

台風の一生をたどってみよう

台風は生まれてから消えるまで、何日くらいかかるだろう？　生まれたと思ったら数時間後にはおとろえてしまうものもあれば、2週間以上《いじょう》も強い勢力《せいりょく》を保《たも》っているものもある。平均《へいきん》すると5日間くらいだ。台風の最長記録《さいちょうきろく》は1972年の台風7号で、456時間だ。ちょうど19日間になる。

台風の一生は、発生期、発達期《はったつき》、最盛期《さいせいき》、衰弱《すいじゃく》期《き》の4つの時期にわけられる。熱帯低気圧《ねったいていきあつ》として発生し、最大風速《さいだいふうそく》が毎秒17.2メートルをこえるまでが発生期。水蒸気《すいじょうき》を補給《ほきゅう》してどんどん強大になっていく発達期《はったつき》。中心の目がはっきりとして、風速《ふうそく》が最大《さいだい》になる最盛期《さいせいき》。弱まりながら温帯低気圧《おんたいていきあつ》や熱帯低気圧《ねったいていきあつ》にかわっていく衰弱期《すいじゃくき》である。

はげしい暴風雨《ぼうふうう》をともなった台風がおとろえるのはなぜか？　台風は陸地《りくち》に上陸《じょうりく》すると、水蒸気《すいじょうき》の補給《ほきゅう》をたたれ、地面とのまさつによりエネルギーをうばわれてしまうからだ。

2000年の台風14号の進路

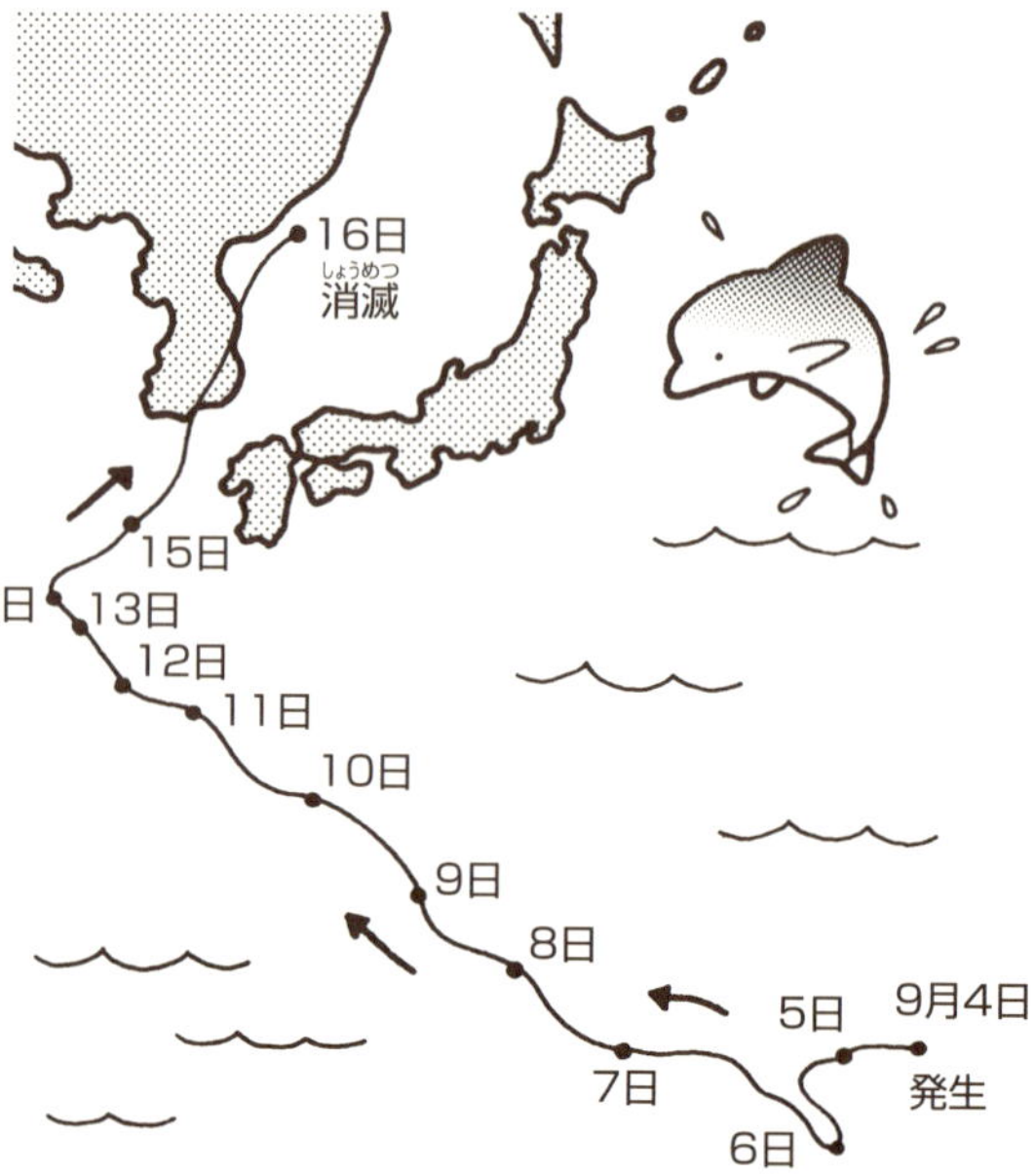

73ページの答え　3　アラビア　台風のようなはげしい風を、中国では「颶風《ぐふう》」とよぶ。アラビア語では「ツーファン」とよび、これが、もとになったと考えられる。

台風

台風の進路をきめるものは、なに？

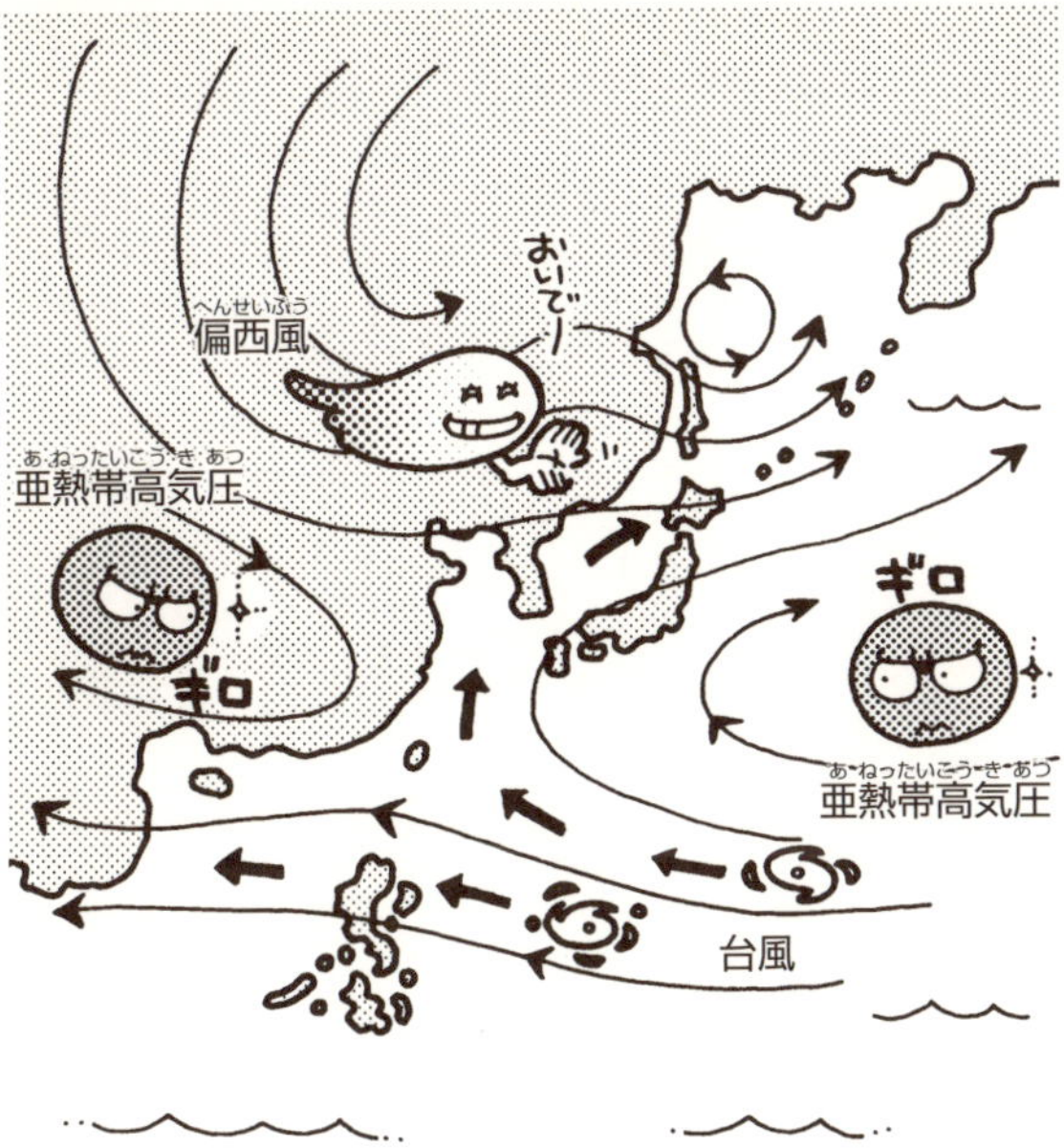

南の海で発生した台風は、はじめは西に向かってすすんでいく。台風は亜熱帯高気圧《あねったいこうきあつ》の南のへりの上空5000メートル付近《ふきん》をふいている風にのって移動《いどう》するからだ。ところが、亜熱帯高気圧《あねったいこうきあつ》の弱いところで、すこしずつ進路を北にかえ、偏西風《へんせいふう》に引きこまれてスピードをまし、北東へとすすんでいく。これが9月ごろの台風がすすむ典型的《てんけいてき》なパターンだ。

南の海では、台風はほとんど一年中、発生している。ただ、そのすすみ方は、月によっておおよそのパターンがきまっている。11～6月ごろは、フィリピンをぬけて、そのまま東南アジアや中国南部など西の方向へと直進《ちょくしん》することが多い。6～7月には、中国北部や韓国《かんこく》方面へ向かう。そして8～9月にかけて、日本列島《れっとう》に沿《そ》うようにすすんでいくことが多い。10月ごろになると、日本列島《れっとう》に達《たっ》する前に太平洋《たいへいよう》で迂回《うかい》してしまう。

台風は複数個《ふくすうこ》、つれだってあらわれることがある。観測史上《かんそくしじょう》、もっとも多いのはいくつ？　**1** 3個《こ》　**2** 4個《こ》　**3** 5個《こ》　（答えはつぎのページ）

台風

台風の目のなかはどうなっている?

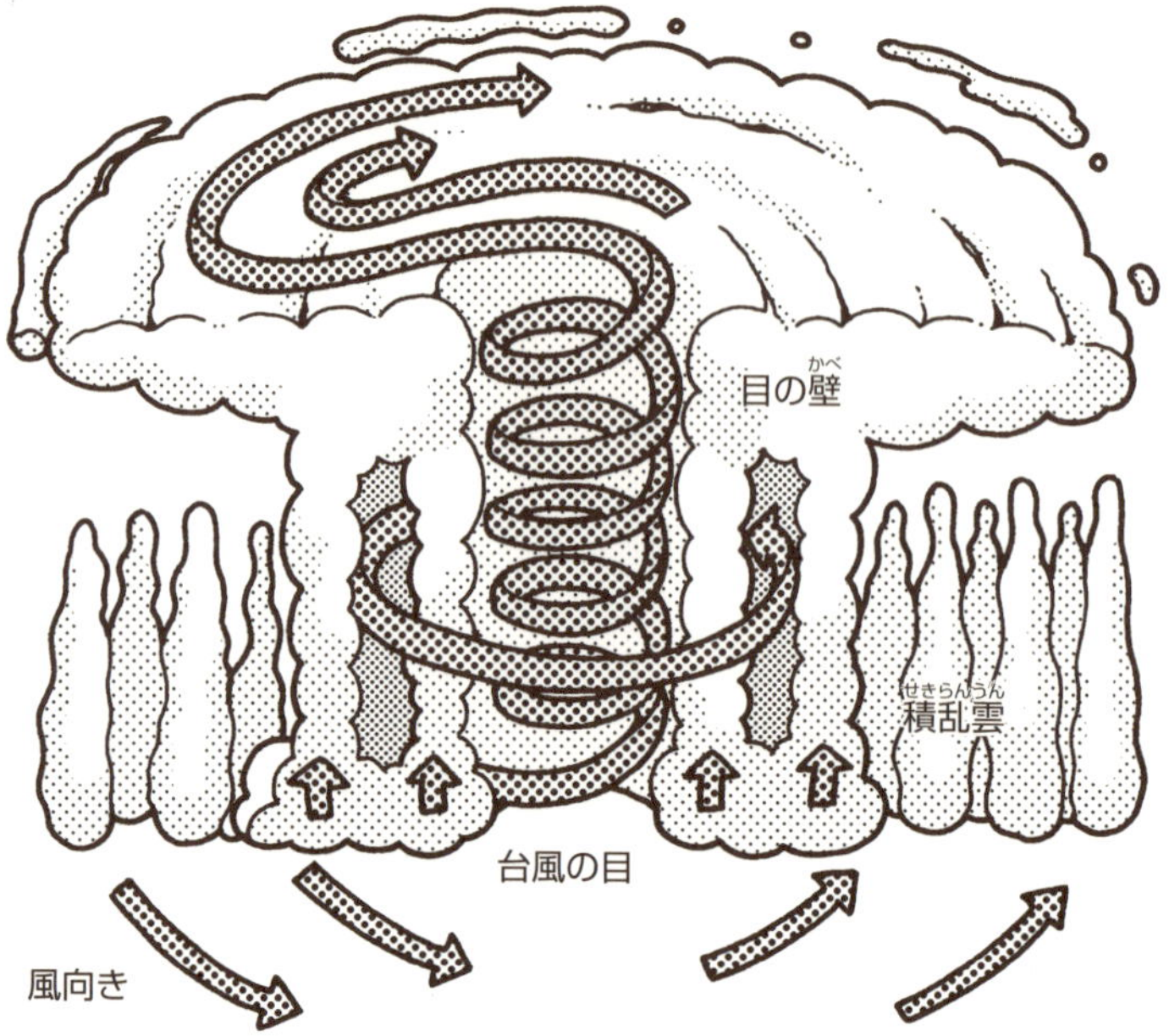

台風の中心付近《ふきん》は、周辺《しゅうへん》からたえず水蒸気《すいじょうき》をたくさんふくんだ空気がふきこんできて、そのまわりに10キロメートルもの高さの積乱雲《せきらんうん》をつくり、はげしい風がふいているのだが、そのなかはおどろくほどの静《しず》けさだ。これが台風の目だ。目の半《はん》径《けい》は10キロから100キロくらい。目のなかは、風が弱く、空は晴れあがっている。のどかにトンボやチョウが飛《と》び、セミが鳴いていることもある。

目のなかはどうしてこんなに静《しず》かなのだろう?そのわけは、こうだ。まわりの空気が気圧《きあつ》の低《ひく》い中心に向かってはげしくふきこんでいるのだが、この渦《うず》まきには、外側《そとがわ》に向けて遠心力《えんしんりょく》がはたらいている。この遠心力《えんしんりょく》のために、風はこれ以上《いじょう》、なかにふきこめないのだ。

75ページの答え **3** 5個《こ》　1960年8月23日から24日にかけて、天気図上に5個《こ》ならんだ。ローマオリンピックの年だったので「五輪《ごりん》台風」とよばれた。

台風

台風の目のなかに入った海賊《かいぞく》

今ではだれもが、台風の中心には目があることを知っている。ところが17世紀《せいき》中ごろまでは、そのことは知られていなかった。イギリスの航海者《こうかいしゃ》で海賊《かいぞく》のウィリアム・ダンピアは、その著書《ちょしょ》『新《しん》世界周航記《せかいしゅうこうき》』のなかで、台風の目のなかに入ったときのようすを書き残《のこ》している。

ダンピア一行《いっこう》はスペイン領《りょう》だったフィリピンのマニラを襲撃《しゅうげき》しようと、1687年7月4日、南シナ海を航海中《こうかいちゅう》に台風にまきこまれた。午後4時ごろから北東の風がふきはじめ、しだいに強くなり、午後11時ごろには、はげしい暴風雨《ぼうふうう》となった。ところが翌日《よくじつ》の朝4時ごろ、風が急におさまった。乗組員《のりくみいん》たちは「神が守ってくれた。暴風雨《ぼうふうう》の峠《とうげ》はこえた」といって喜《よろこ》びあった。このとき、じつは乗組員《のりくみいん》はだれも台風の目のなかに入ったことを知らなかった。午後になると、今度は南西の強風がふきはじめ、5日の夜中までふきつづけた。

1950年ごろ、台風の名前には女性《じょせい》の名前がつけられていた。どうして？

1 親しみをこめて　**2** こわいから　**3** 気まぐれだから　（答えはつぎのページ）

台風

強い台風ってどんな台風？

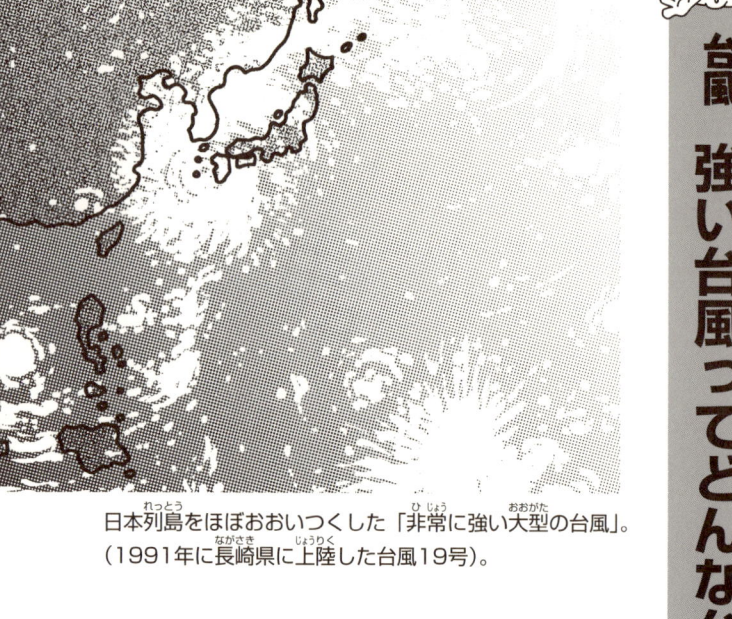

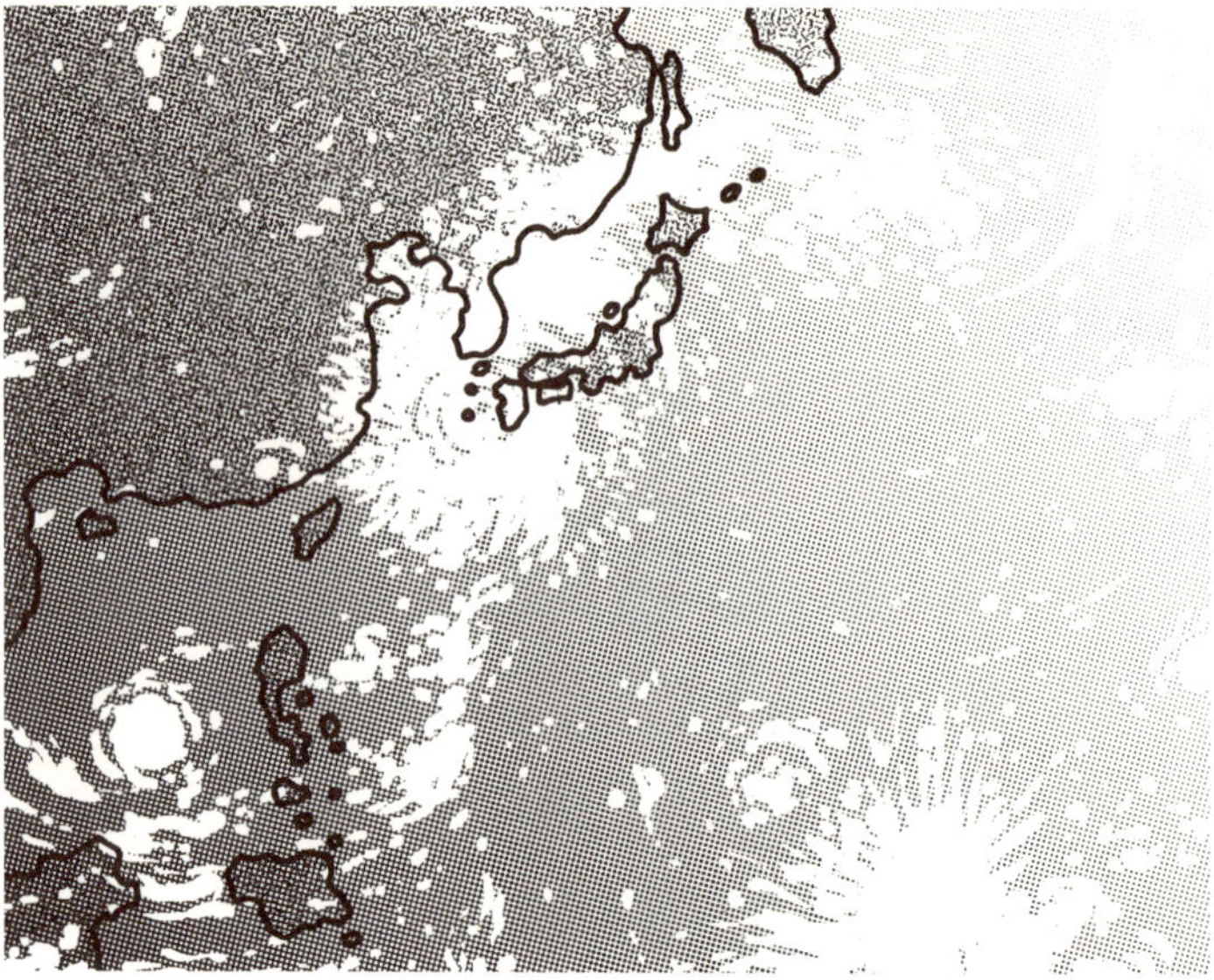

日本列島《れっとう》をほぼおおいつくした「非常《ひじょう》に強い大型《おおがた》の台風」。
（1991年に長崎《ながさき》県に上陸《じょうりく》した台風19号）。

天気予報《よほう》などでよく「大型《おおがた》で強い台風」ということばを聞くことがある。ところで、この大きさと強さは、なにを基準《きじゅん》にしているのだろう？

まず、大きさについては、風速《ふうそく》毎秒15メートル以上《いじょう》の強風域《きょうふういき》の半径《はんけい》がどのくらいかによってきめられている。これが500キロメートル以上《いじょう》800キロ未《み》満《まん》のものを「大型《おおがた》」あるいは「大きい」台風という。さらに800キロ以上《いじょう》のものを「超大型《ちょうおおがた》」あるいは「非常《ひじょう》に大きい」台風という。

つぎに強さについては、中心付近《ふきん》の最大風速《さいだいふうそく》によってきめられている。最大風速《さいだいふうそく》が毎秒33メートル以上《いじょう》44メートル未満《みまん》だと「強い」台風。44メートル以上《いじょう》54メートル未満《みまん》だと「非常《ひじょう》に強い」台風。54メートル以上《いじょう》だと「猛烈《もうれつ》な」台風という。

77ページの答え **1** 親しみをこめて　当時、日本を占領《せんりょう》していたアメリカ軍《ぐん》が、台風に奥《おく》さんや恋人《こいびと》の名前をつけて、ジェーンやキティーのように親しみをこめて、よんでいた。

台風

台風の風のふき方は？　雨のふり方は？

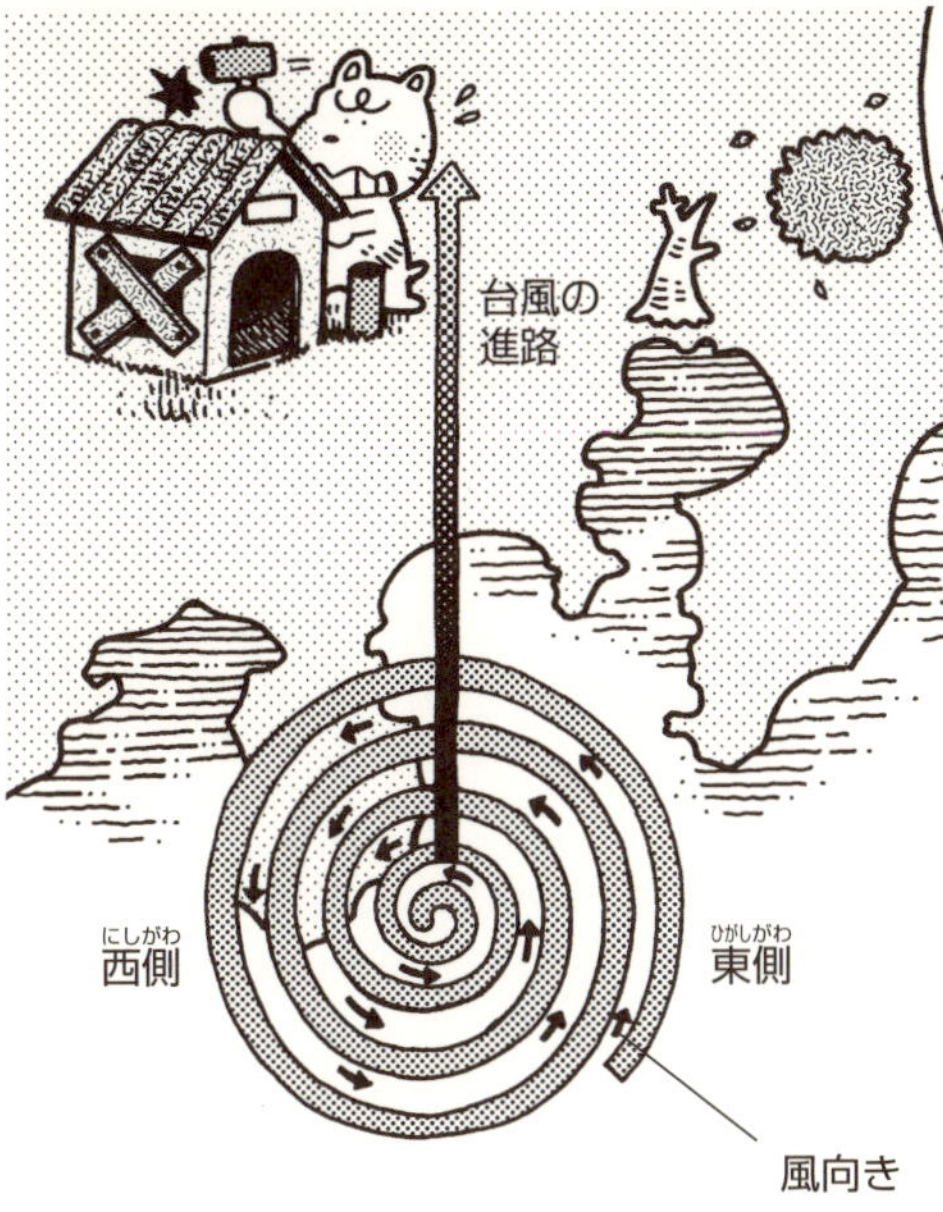

台風は、地上付近《ふきん》では左まわりに強い風がふきこんでいる。そのため、台風の中心がどこにあるかによって、風向きはかわり、風の強さもすこしちがう。

台風の中心の東側《ひがしがわ》では、台風自身の風と台風といっしょに移動《いどう》するまわりの風が同じ方向にふくので、風は強くなる。また西側《にしがわ》では台風自身の風とまわりの風のすすむ方向が逆《ぎゃく》なので、風はすこし弱まる。

上の図のような渦《うず》まきをつくってみると、わたしたちのいる場所と台風の中心との位《い》置《ち》関係《かんけい》によって、風はどちらからふいてくるかわかるだろう。

台風の目の外側《そとがわ》は、積乱雲《せきらんうん》が壁《かべ》のように取りまいていて、はげしい雨をふらせている。とくに風が山の斜面《しゃめん》をのぼるようなとき、手前の斜面《しゃめん》に強い雨をふらせることがある。また台風の近くに前《ぜん》線《せん》が停滞《ていたい》していたりすると、数日間にわたって豪《ごう》雨《う》をもたらすことがある。

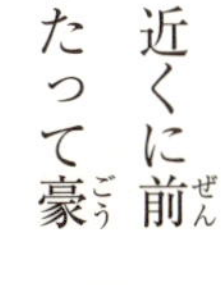

台風の風のエネルギーは、よく原子力発電の１年間分の仕事とくらべられる。原子力発電何基《き》分になるだろう？　**1** 1基《き》分　**2** 10基《き》分　**3** 33基《き》分　（答えはつぎのページ）

台風

台風が多い日は？ 多い場所は？

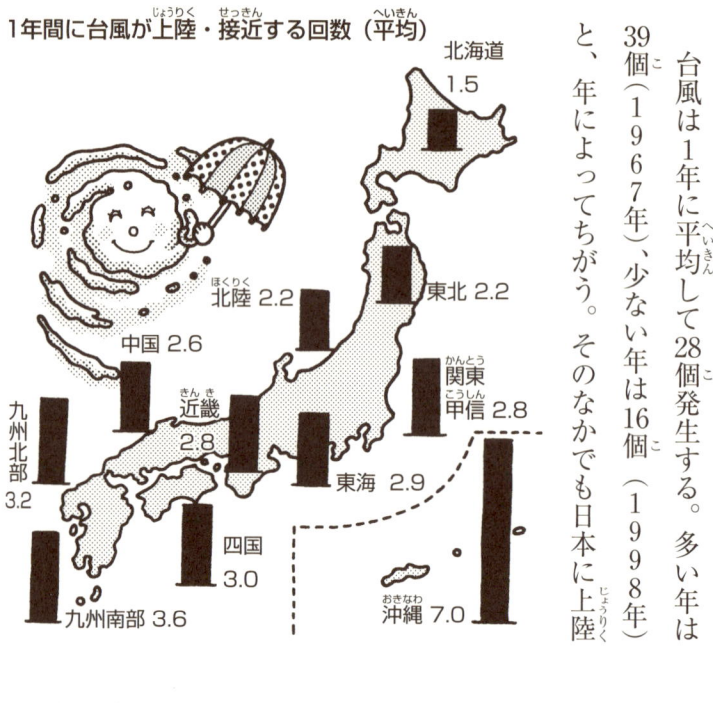

台風は1年に平均《へいきん》して28個《こ》発生する。多い年は39個《こ》（1967年）、少ない年は16個《こ》（1998年）と、年によってちがう。そのなかでも日本に上陸《じょうりく》するのは、1年に平均《へいきん》して3個《こ》だ。「上陸《じょうりく》」というのは、台風の中心が北海道、本州、四国、九州のいずれかの海岸線に達《たっ》したときをいうのであって、これ以外《いがい》の島を横切っても「上陸《じょうりく》」とはいわない。日本の300キロメートル以内《いない》に接近《せっきん》した台風は、1年に平均《へいきん》して11個《こ》。もっとも多い地域《ちいき》は沖《おき》縄《なわ》、ついで九州南部だ。

1年間に台風が上陸《じょうりく》・接近《せっきん》する回数（平均《へいきん》）

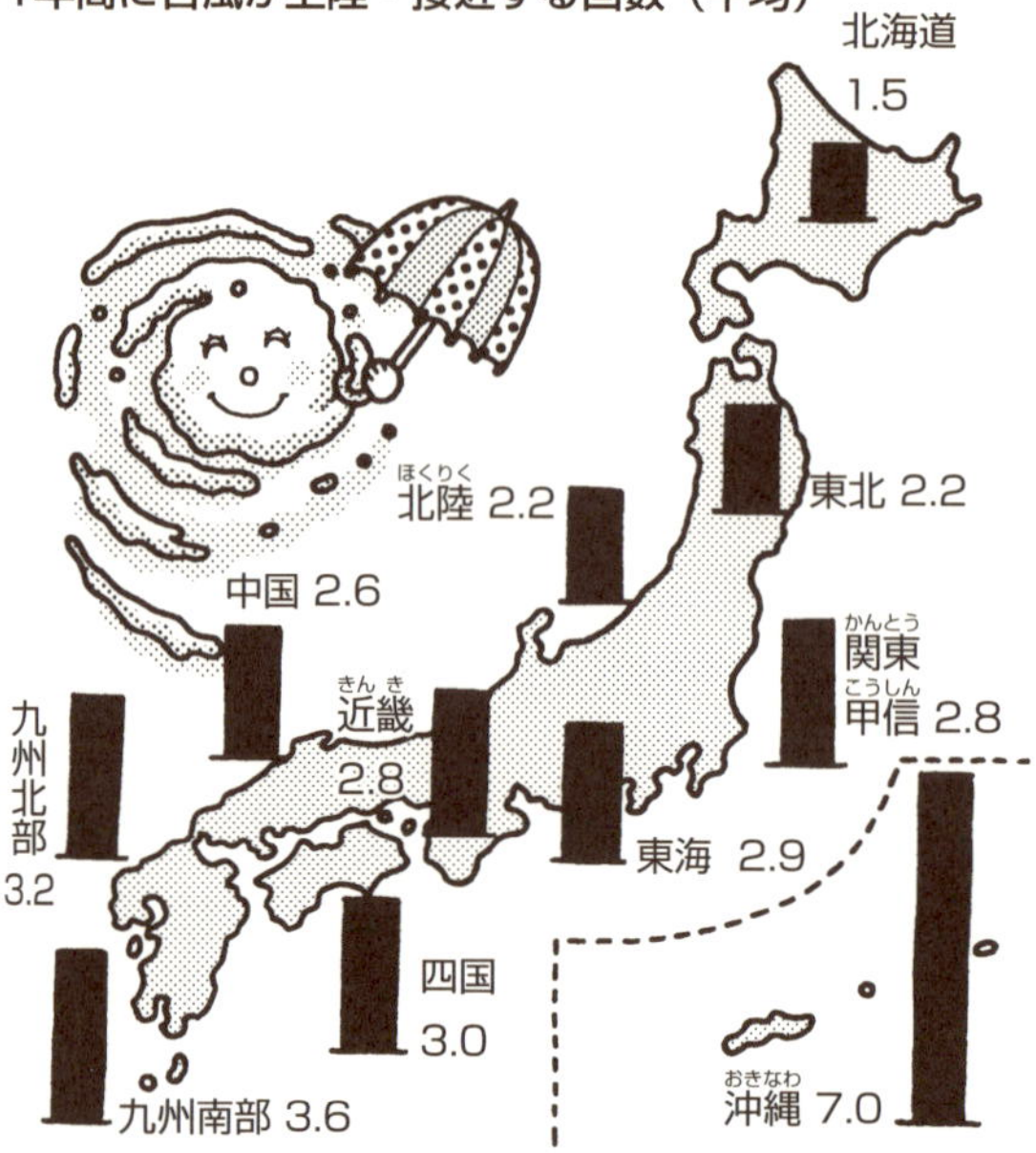

日本では、昔から8月から9月に台風が多く、9月1日ごろを「二百十日《にひゃくとおか》」といって警戒《けいかい》してきた。これまでに大きな被害《ひがい》をもたらした台風は、9月中旬《ちゅうじゅん》から下旬《げじゅん》に接近《せっきん》ないしは上陸《じょうりく》したものが多い。とくに9月26日は、洞爺丸《とうやまる》台風（1954年）、狩野川《かのがわ》台風（1958年）、伊勢湾《いせわん》台風（1959年）などの台風がきた特別《とくべつ》な日だ。

79ページの答え **3** 33基《き》分　台風にはこの風エネルギーのほかに、位置《いち》エネルギー、熱エネルギーなどがある。いかに強大かがわかるだろう。

台風がもたらした被害《ひがい》をしらべよう

日本各地《かくち》に大きな被害《ひがい》をもたらした台風を３つあげるとしたら、室戸《むろと》台風（１９３４年）、枕崎《まくらざき》台風（１９４５年）、伊勢湾《いせわん》台風（１９５９年）

があげられる。いずれの台風も死者・行方不明者《ゆくえふめいしゃ》を３０００人以上《いじょう》もだし、「昭和《しょうわ》の３大台風」とよばれている。

高知《こうち》県の室戸岬《むろとみさき》に上陸《じょうりく》した室戸《むろと》台風は、最大瞬《さいだいしゅん》間風速《かんふうそく》毎秒60メートル。京阪神《けいはんしん》地方を暴風域《ぼうふういき》にまきこんで、大阪《おおさか》・天王寺《てんのうじ》の五重の塔《とう》や工場、学校などの多くの建物《たてもの》を倒《たお》し、列車《れっしゃ》も転覆《てんぷく》させるなど、大きな被害《ひがい》をもたらした。学校では登校時に校舎《こうしゃ》が倒《たお》れ、多くの小・中学生がその下敷《したじ》きになった。

１９６０年以降《いこう》、いろいろな防災施設《ぼうさいしせつ》が整《ととの》えられたことや、正確《せいかく》な情報《じょうほう》が迅速《じんそく》にだされるようになり、台風による死者の数はへってきた。そのかわり、最近《さいきん》は都市部で下水道や水路が増水《ぞうすい》し、道《どう》路《ろ》が水びたしになるなどの災害《さいがい》が多い。

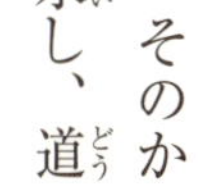

台風のすすむ速度は、だいたいどのくらい？

1 時速10km　**2** 時速20km　**3** 時速30km　（答えはつぎのページ）

台風　水不足《みずぶそく》を救《すく》ってくれる台風

台風は強風や大雨で、人びとに大きな被害《ひがい》をもたらすだけではない。貴重《きちょう》な水資源《みずしげん》でもあるのだ。日本では梅雨時《つゆどき》の雨、台風の雨、雪どけ水の3つが、水資源《みずしげん》の大半をしめている。そのため、梅雨《つゆ》時《どき》に雨がふらない年は、ダムの貯水量《ちょすいりょう》が底《そこ》をつき、真夏《まなつ》に水の使用が制限《せいげん》されることもある。こんなときは、つい台風の雨を期待《きたい》してしまう。日本の水使用量《みずしようりょう》は、年間で約《やく》900億《おく》トンだが、台風は1個《こ》で200億《おく》トンもの雨をふらせるからだ。

関東《かんとう》地方では、梅雨《つゆ》あけがはやかった1994年、ダムの水位《すいい》が下がり、一日のうちの一定時間、水道の水がとめられて出なくなった。これを救《すく》ったのが9月16日からふりつづいた秋雨前線《あきさめぜんせん》と台風26号の大雨だった。また昔から水不足《みずぶそく》に悩《なや》まされてきた沖縄県《おきなわ》では、1991年はとくに深刻《しんこく》な水《みず》不足《ぶそく》となり、一定時間、水道の水がとめられたが、台風19号の雨がこれを救《すく》ってくれた。

81ページの答え **2** 時速20km　平均《へいきん》して時速21km。もちろんほとんどすすまないときもあれば、時速60km以上《いじょう》のスピードであっという間に通りすぎてしまうときもある。

台風

台風にそなえてきた人びとの知恵《ちえ》

台風は一瞬《いっしゅん》のうちに強風で家を倒《たお》したり、大雨で大洪水《だいこうずい》をおこしたり、人びとのくらしに大きな被害《ひがい》をもたらしてきた。そのため、台風がよく接《せっ》近《きん》する地域《ちいき》では、昔から日常《にちじょう》生活のなかに台風対《たい》策《さく》が取り入れられてきた。防潮堤《ぼうちょうてい》を築《きず》いたり、防《ぼう》風林《ふうりん》を植えたりしたのもそのためだ。川の水があふれないように堤防《ていぼう》をつくったり、ダムを築《きず》いて水量《すいりょう》を調節《ちょうせつ》してきた。知恵《ちえ》をしぼって、損害《そんがい》を最《さい》小限《しょうげん》におさえようとしてきたのだ。

台風が多い沖縄《おきなわ》では、家のまわりに高い石垣《いしがき》や塀《へい》をめぐらし、さらにフクギという木を植えて風《かぜ》除《よ》けにした。しっくいで固《かた》めた赤瓦《あかがわら》の屋根は、屋根の軒《のき》を低《ひく》くして四方向からの軒《のき》を中央に集めたつくりをして、風の被害《ひがい》をおさえようとした。最《さい》近《きん》ではほとんどの家が鉄筋《てっきん》コンクリートづくりで、台風に対してより安全になったが、風通しがわるく、クーラーが必需品《ひつじゅひん》となった。

日本のたつまきの最大風速《さいだいふうそく》はどのくらい。　**1** 秒速30〜50m　**2** 秒速50〜70m　**3** 秒速70〜90m　（答えはつぎのページ）

台風

台風を追いかける予報官《よほうかん》

気象庁《きしょうちょう》の予報官《よほうかん》は、地上天気図や高層《こうそう》天気図、レーダーや気象衛星《きしょうえいせい》からの観測資料《かんそくしりょう》、コンピュータによる解析資料《かいせきしりょう》などをもとに、台風の進路や速度を予想する。気象衛星《きしょうえいせい》から送られてくる画像《がぞう》からは、台風の位置以外《いちいがい》に、雲のようすから台風の最大風速《さいだいふうそく》、中心気圧《きあつ》、台風の強さもわかる。

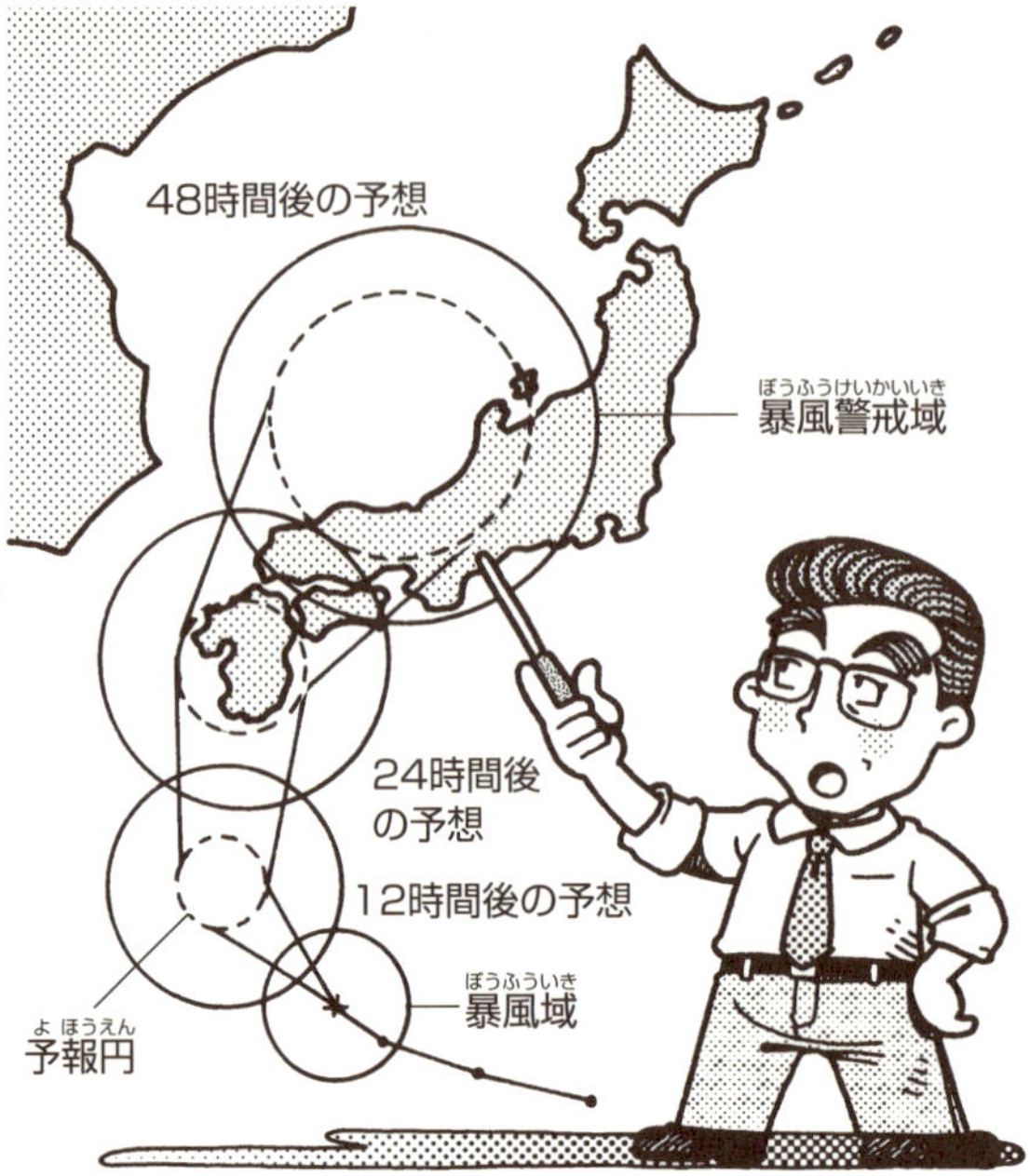

台風の数時間後、数日後のようすもスーパーコンピュータで予測《よそく》している。これを「数値予報《すうちよほう》」という。地球の表面を東西・南北方向に24キロメートル、垂直《すいちょく》方向に25層《そう》の小さい箱にわけて、その箱のなかでおこっている気象《きしょう》の変化《へんか》を計算して、正確《せいかく》な予報《よほう》に役立てている。

気象庁《きしょうちょう》は台風が接近《せっきん》すると「予報円《よほうえん》」とよばれる円をえがいて、台風の予想進路を示《しめ》して注意をよびかけている。予報官《よほうかん》は自分の経験《けいけん》をもとに、数値予報《すうちよほう》を修正《しゅうせい》しながら予報《よほう》をだしている。

83ページの答え **3** 秒速70〜90m　日本では1年に1度くらい、秒速70〜90mのたつまきが発生する。

たつまき

たつまきはどうしておこる？

たつまきはどうしておこるのか、今でもはっきりとした原因《げんいん》がわかっているわけではない。ただいえることは、暖《あたた》かい空気と冷《つめ》たい空気がぶつかりあうときに、おこりやすいということだ。

そのため、温度差《おんどさ》の少ない赤道《せきどう》近くの低緯度地《ていいどち》帯《たい》や、北極《ほっきょく》や南極《なんきょく》に近い高緯度地帯《こういどちたい》では、あまり見られない。ほとんどのたつまきは、温帯地域《おんたいちいき》で発生している。高度数千メートルの積乱雲《せきらんうん》のなかで、さまざまな風がぶつかりあい、渦《うず》まきができる。その渦《うず》まきはしだいに発達《はったつ》して、ゾウの鼻のように地上にのびてくる。渦《うず》のなかは毎秒50〜100メートルの強風がふいていて、木を根っこから引きぬいたり、家や車を吸《す》いあげたり、列車を倒《たお》したりする。

たつまきに似《に》ている空気の渦《うず》まきに「つむじ風」がある。これは地面近くで生じるもので、たつまきよりも規模《きぼ》が小さく、数十秒《びょう》で終わる。

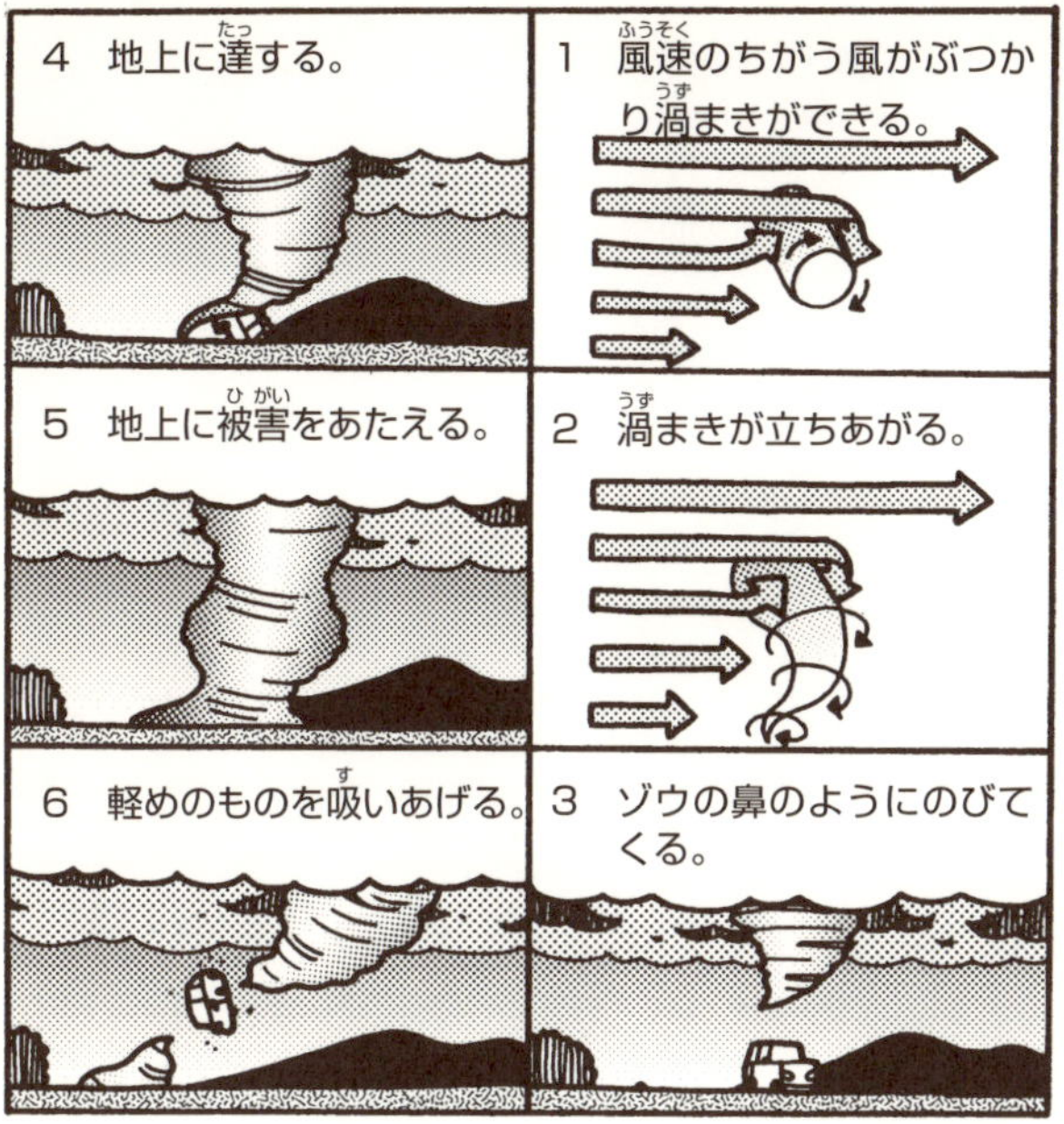
1　風速《ふうそく》のちがう風がぶつかり渦《うず》まきができる。
2　渦《うず》まきが立ちあがる。
3　ゾウの鼻のようにのびてくる。
4　地上に達《たっ》する。
5　地上に被害《ひがい》をあたえる。
6　軽めのものを吸《す》いあげる。

たつまきは都会では都心部、郊外《こうがい》、どちらに発生しやすい？

1 都心部　**2** 郊外《こうがい》　**3** 都心と郊外《こうがい》の境《さかい》あたり　（答えはつぎのページ）

たつまき

たつまきがおこりやすい場所は？

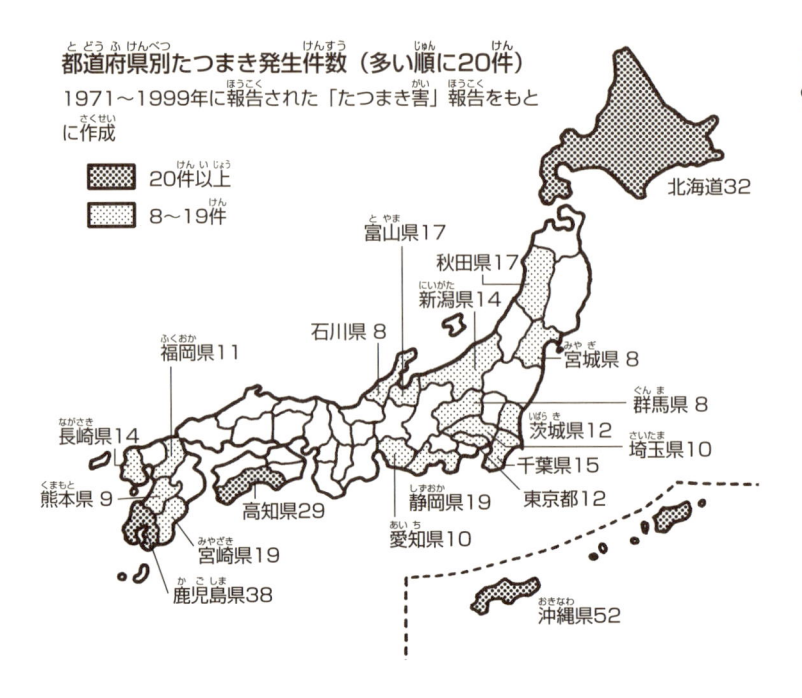

都道府県別《とどうふけんべつ》たつまき発生件数《けんすう》（多い順《じゅん》に20件《けん》）
1971〜1999年に報告《ほうこく》された「たつまき害《がい》」報告《ほうこく》をもとに作成《さくせい》

日本では気象庁観測部《きしょうちょうかんそくぶ》が、1971年からたつまきの被害《ひがい》について統計《とうけい》をとっている。それによると、日本では1年に20個《こ》くらいのたつまきが発生している。季節《きせつ》は7月〜11月におこりやすく、9月がもっとも多い。台風のシーズンとも重なっている。おこりやすい場所は、トップが沖縄《おきなわ》県、以下《いか》、鹿児島《かごしま》県、北海道、高知県とつづいている。沿岸部《えんがんぶ》、とくに太平洋側《たいへいようがわ》に多いことがわかる。

大きなたつまきは、台風に関係《かんけい》したものが多く、台風の進行方向の前方や右前方250キロメートル付《ふ》近《きん》で発生しやすいといわれる。台風の進行方向の右側《みぎがわ》から暖《あたた》かい空気が北上して、冷《つめ》たい空気のなかに突入《とつにゅう》し、大気の状態《じょうたい》が不安定《ふあんてい》になったときに発生する。

85ページの答え **3** 都心と郊外《こうがい》の境《さかい》あたり　たつまきは平《へい》たんなところに発生しやすい。それも温度差《おんどさ》のある暖《あたた》かい都心部と、すずしい郊外《こうがい》の境《さかい》めが多い。

たつまき

たつまきの恐《おそ》るべきパワー

アメリカでは、たつまきは「トルネード」「ツイスター」などとよばれ、恐《おそ》れられている。発生件《けん》数《すう》は１年間に800件《けん》以上《いじょう》、多い年は１２００件《けん》以上《いじょう》も発生する。家ごと空中に巻《ま》きあげたり、列車を倒《たお》したりなど、大きな被害《ひがい》をおこしている。アメリカのトルネードによる死者は、１年間に平均《へいきん》して200人にのぼる。

１９２５年にミズーリ州、イリノイ州、インディアナ州の３州をおそったたつまきは、703キロメートルも移動《いどう》し、695人もの死者をだした。

アメリカにくらべると、日本のたつまきは規模《きぼ》が小さい。はばは10〜100メートル。移動距離《いどうきょり》は長くても５〜６キロだ。日本で最大級《さいだいきゅう》とされるたつまきは１９９０年、千葉県茂原《もばら》市付近《ふきん》を通過《つうか》したもの。南北3.5キロ、東西１キロにわたり、家屋《かおく》78戸《こ》が全壊《ぜんかい》、144戸《こ》が半壊《はんかい》した。乗用車は数十メートルもふき飛《と》ばされた。

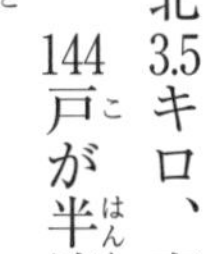

どうじゃな、調子は？　まだまだつづくぞー！　102ページからのクイズにもチャレンジしよう。

もっと知りたい!

季節《きせつ》と天候《てんこう》

日本には春、夏、秋、冬と4つの季節《きせつ》（四季《しき》）があり、それぞれの季節《きせつ》ごとに、特《とく》ちょうのある天候《てんこう》や自然現象《しぜんげんしょう》などがあらわれる。どんな特《とく》ちょうがあるのか、季節《きせつ》を追ってみてみよう。

●春の天候《てんこう》の特《とく》ちょうは?

最初《さいしょ》に春のおとずれを告《つ》げるのが、強い南風の**春一番《はるいちばん》**だ。気象庁《きしょうちょう》では、春一番《はるいちばん》を「立春《りっしゅん》（2月4日ごろ）から春分《しゅんぶん》（3月21日ごろ）までの間に、風速《ふうそく》が毎秒8メートル以上《いじょう》のその年はじめての南よりの強風がふき、気温が上昇《じょうしょう》する現《げん》象《しょう》」としている。この風は、日本海をすすむ低《てい》気圧《きあつ》に向かって、日本の南から暖《あたた》かい気流《きりゅう》が一気に流れこむことでおこる。

春一番《はるいちばん》がふくころの気候《きこう》は、**三寒四温《さんかんしおん》**（3日寒く4日暖《あたた》かいという意味）といって、何日かおきに寒い日と暖《あたた》かい日をくりかえしながら、しだいに春になっていく。冬のシベリア高気圧《こうきあつ》から冷《つめ》たい空気が強くふきだしてきたり、弱まったりするためにおこる現象《げんしょう》だ。

気温がすこしずつ上がっていくにつれ、ウメ、ナノハナ、サクラなどの花が咲《さ》く。気象庁《きしょうちょう》では、毎年3月になるとサクラの開花《かいか》予想を発表している。日本地図の上で開花日《かいかび》ごとに地域《ちいき》を線で結《むす》んだものは**サクラ前線《ぜんせん》**とよばれ、開花日《かいかび》は天気図の前線《ぜんせん》のように南から北に移動《いどう》する。

春先には、もうひとつのありがたくない前線《ぜんせん》も北上する。スギなどの花粉《かふん》でアレルギー症状《しょうじょう》をおこす**花粉症《かふんしょう》**の人がふえているが、その花粉《かふん》が飛《と》びはじめる日を地図上にしめした**花粉前線《かふんぜんせん》**

だ。スギやヒノキの**花粉前線**《かふんぜんせん》がある。

４月になると、ユーラシア大陸《たいりく》からの**移動性**《いどうせい》**高気圧**《こうきあつ》と低気圧《ていきあつ》が交互《こうご》に日本付近《ふきん》を通過《つうか》するので、天気が周期的《しゅうきてき》にかわりやすい。このことから**「春に三日の晴れなし」**といわれる。

５月には気温がさらに高まり、日本列島《れっとう》は大きな高気圧《こうきあつ》におおわれて**五月晴**《さつきば》**れ**の気持ちのよい空が広がることが多い。しかし、日本海や北日本で低気圧《ていきあつ》が台風なみに発達《はったつ》して、**メイストーム（５月の嵐**《あらし》**）**がふきあれることもある。

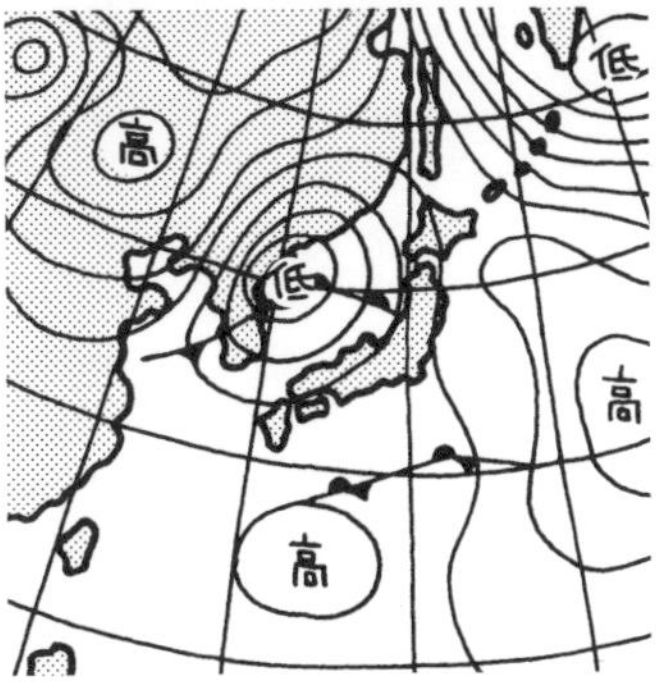

春一番《はるいちばん》**がふいた日の天気図**
日本海に発達中《はったつちゅう》の低気圧《ていきあつ》がある。

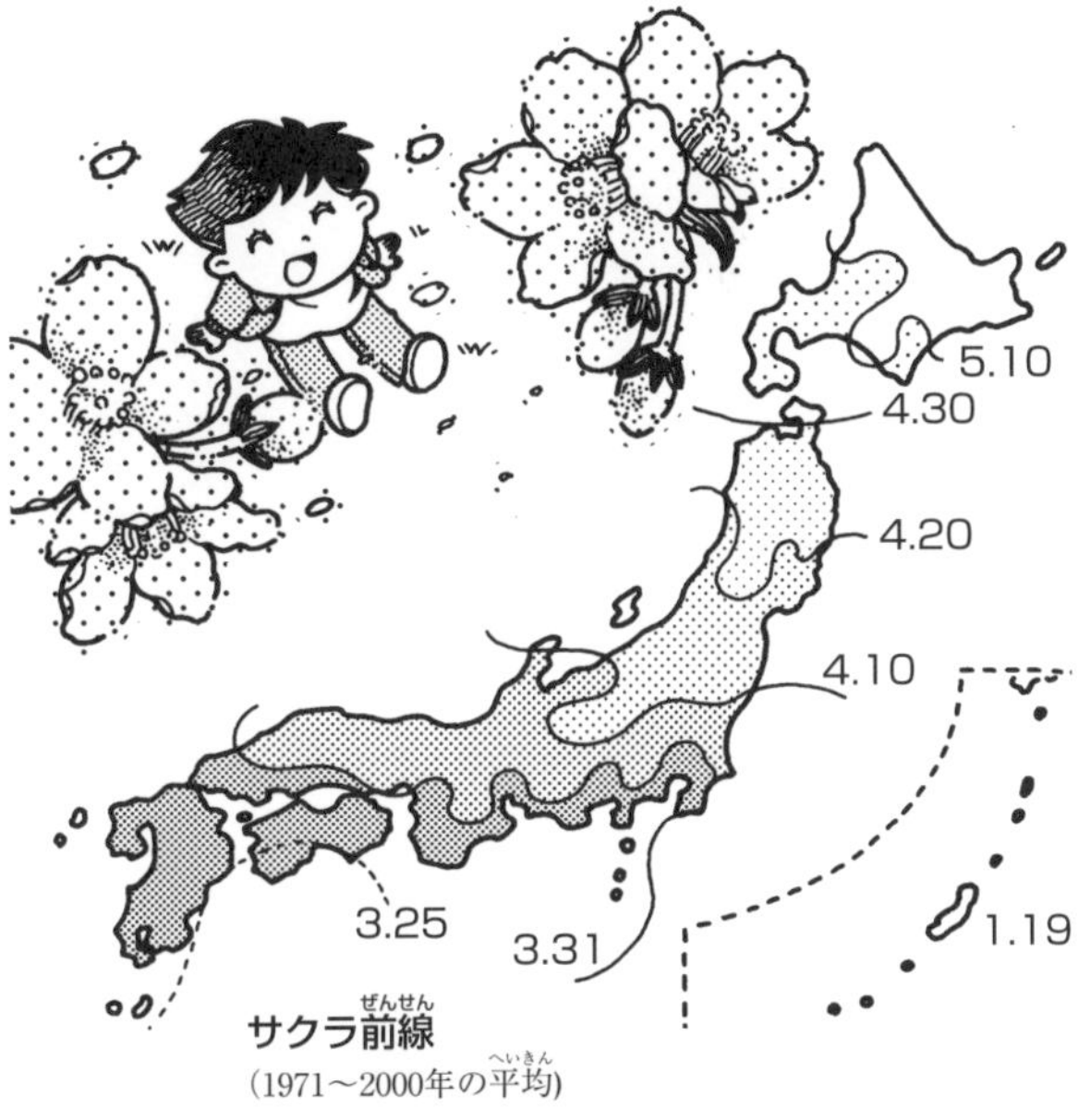

サクラ前線《ぜんせん》
(1971～2000年の平均《へいきん》)

●夏の天候《てんこう》の特《とく》ちょうは？

初夏《しょか》のさわやかな天候《てんこう》がしばらくつづいたあと、日本列島《れっとう》は梅雨《つゆ》に入り、夏のはしりの季節《きせつ》をむかえる。**梅雨《つゆ》いり**は沖縄《おきなわ》で5月前半、関東《かんとう》で6月前半で、それからは**梅雨前線《ばいうぜんせん》**が日本付近《ふきん》に停滞《ていたい》して、雨やくもりの日が多くなる。梅雨《つゆ》空《ぞら》のもと、アジサイの花が色づきはじめる。

1か月以上《いじょう》こうした天気がつづいたあと、やがて**太平洋高気圧《たいへいようこうきあつ》（小笠原高気圧《おがさわらこうきあつ》）**の勢力《せいりょく》が強くなり、待っていた**梅雨《つゆ》あけ**がおとずれる。本《ほん》格的《かくてき》な夏と、夏休みのはじまりだ。海や山に行ったり、気象観測《きしょうかんそく》をするのもいいかもしれない。

夏型《なつがた》の気圧配置《きあつはいち》は、**南高北低型《なんこうほくていがた》**とよばれ、南に高気圧《こうきあつ》が、北のユーラシア大陸《たいりく》に低圧部《ていあつぶ》（気《き》圧《あつ》が全体的《ぜんたいてき》に低《ひく》い部分）がある。このころ、天気図上で、太平洋高気圧《たいへいようこうきあつ》が巨大《きょだい》な鯨《くじら》の尾《お》のような形（**鯨《くじら》の尾型《おがた》**）で日本をおおうと、全国的に猛暑《もうしょ》になることが多い。最高《さいこう》気温が30度以上《いじょう》の**真夏日《まなつび》**とよばれる日がつづき、夜は最低《さいてい》気温が25度以上《いじょう》の**熱帯夜《ねったいや》**となる都市がふえる。**不快指数《ふかいしすう》**ということばも、よく聞かれるようになる。これは、気温だけでなく湿度《しつど》も考えに入れた体《たい》感温度《かんおんど》（体に感じる温度）のめやすだ。冷房《れいぼう》がききすぎる場所に長時間いたりして、**冷房病《れいぼうびょう》**にかかる人もいる。体温の調節《ちょうせつ》がうまくできず、冷《ひ》えや疲労《ひろう》などの症状《しょうじょう》をうったえる病気だ。

人間の生活に不便《ふべん》な面もある日本の夏だが、梅雨時《つゆどき》の雨や真夏《まなつ》の**高温多湿《こうおんたしつ》**は、自然《しぜん》のいとな

梅雨《つゆ》いりと梅雨《つゆ》あけの平年値《へいねんち》

	梅雨《つゆ》いり	梅雨《つゆ》あけ
沖縄《おきなわ》	5月8日	6月23日
九州南部	5月29日	7月13日
四国	5月8日	7月17日
中国	6月4日	7月20日
近畿《きんき》	6月6日	7月19日
関東甲信《かんとうこうしん》	6月8日	7月20日
北陸《ほくりく》	6月10日	7月22日
東北南部	6月10日	7月23日

（1971～2000年の平均《へいきん》、気象庁《きしょうちょう》による）

アブラゼミが最初《さいしょ》に鳴いた日（1971～2000年の平均《へいきん》）

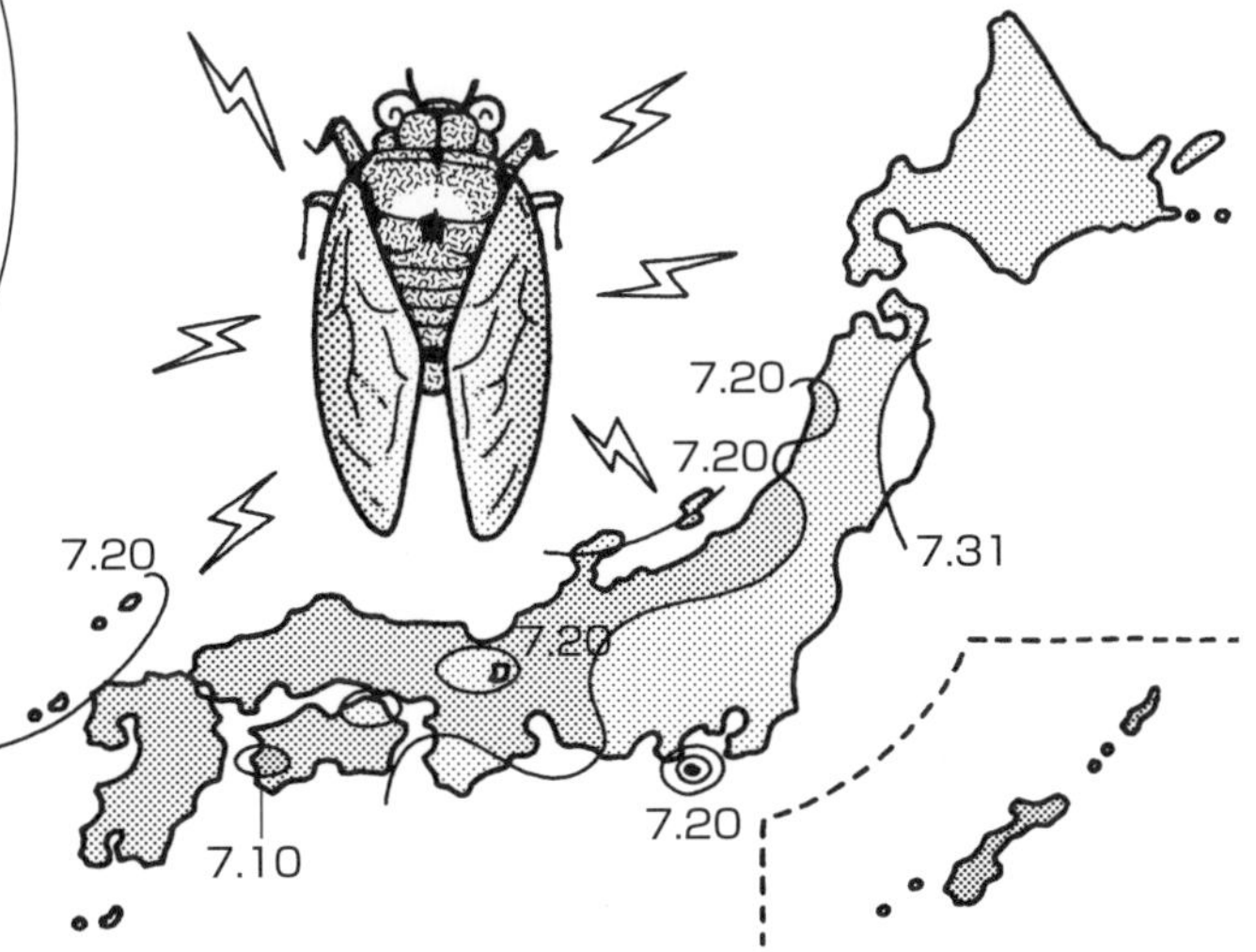

鯨《くじら》の尾型《おがた》の天気図

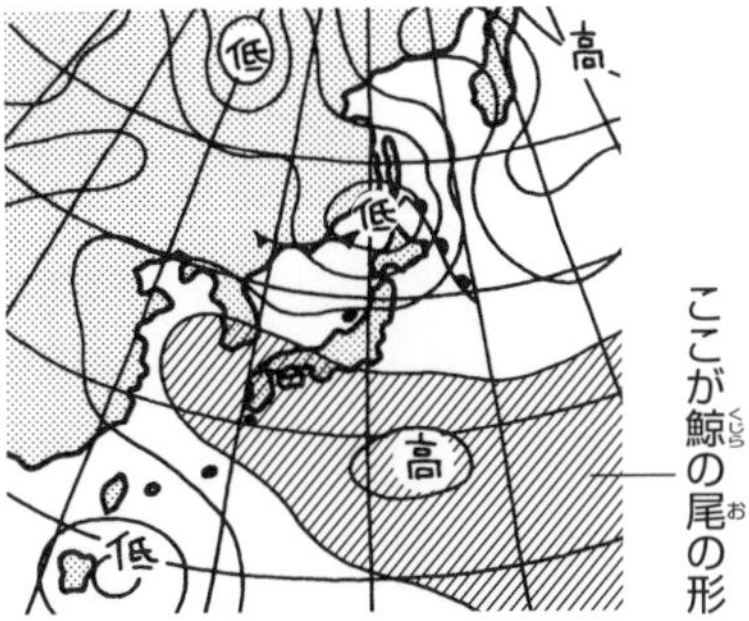

不快指数《ふかいしすう》と日本人の体感《たいかん》

指数《しすう》	体感《たいかん》
70以上《いじょう》	少数の人が不快《ふかい》
75以上《いじょう》	半数以上《いじょう》の人が不快《ふかい》
80以上《いじょう》	全員が不快《ふかい》を感じる
85以上《いじょう》	暑くてたまらない
86以上《いじょう》	耐《た》えがたい不快《ふかい》

みであり、自然《しぜん》からのめぐみでもある。稲作《いなさく》をはじめとする農業や、漁業《ぎょぎょう》などは、こうした天候《てんこう》があってはじめて順調《じゅんちょう》な収穫《しゅうかく》がもたらされる。これがもし、**冷夏**《れいか》といって、気温の低《ひく》い日《にっ》照不足《しょうぶそく》の夏になると、作物がじゅうぶんに育たない**冷害**《れいがい》がおこる。また、夏物《なつもの》の商品などが売れず、消費《しょうひ》がおちこんだりして、社会生活の面でもいろいろな影響《えいきょう》がでてくることになる。

●秋の天候《てんこう》の特《とく》ちょうは？

8月の末《すえ》から9月になっても、きびしい暑さの残《のこ》ることがあり、これを残暑《ざんしょ》という。ただし、9月に入ると、朝晩《あさばん》はしだいに気温が下がって、しのぎやすくなる。

秋がきたことを実感するころ、本州付近《ふきん》に秋《あき》雨前線《さめぜんせん》が停滞《ていたい》して、北の地方から**秋の長雨《ながあめ》（秋《しゅう》りん）**の時期に入る。東京などでは、秋の長雨《ながあめ》と台風シーズンがかさなり、過去《かこ》を平均《へいきん》すると9月が一年でもっとも雨の量《りょう》が多くなっている。関東《かんとう》地方では、秋の長雨《ながあめ》は9月前半からおよそ1か月くらいつづく。

台風は夏にも日本にやってくるが（**夏台風《なつたいふう》**）、秋にくる**秋台風《あきたいふう》**のほうが勢力《せいりょく》が強い。また、日本を縦断《じゅうだん》するようなコースをとることも多く、大きな被害《ひがい》をもたらす。とくに本州付近《ふきん》に秋雨《あきさめ》前線《ぜんせん》があるときに台風がくると、東日本は豪雨《ごうう》となる。

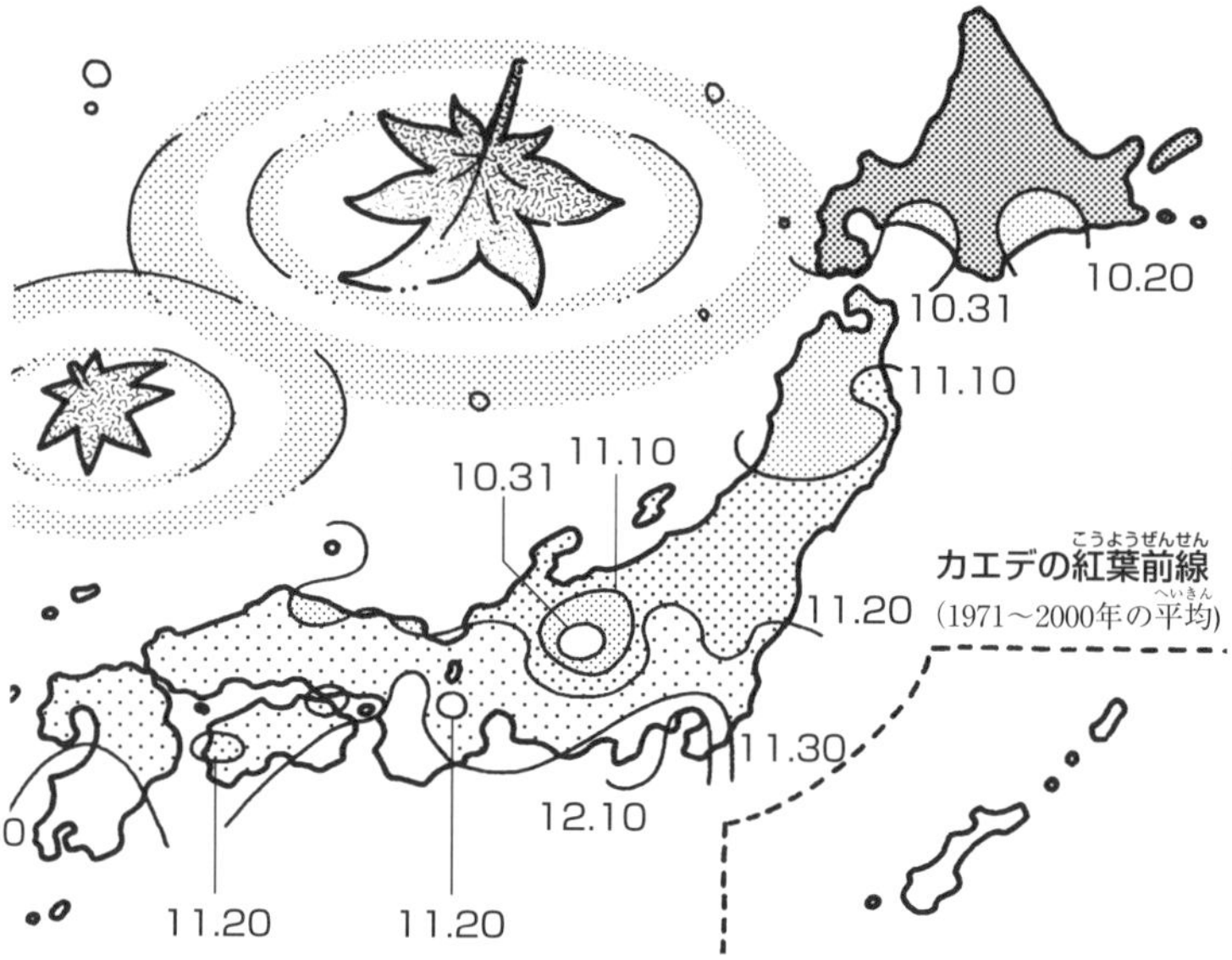

カエデの紅葉前線《こうようぜんせん》
(1971〜2000年の平均《へいきん》)

その台風も、10月から11月になると、日本に近づきにくくなる。かわって、日本列島《れっとう》はユーラシア大陸《たいりく》からの**移動性《いどうせい》高気圧《こうきあつ》**におおわれ、空が高く青くすんだ、**秋晴《あきば》れ**の日が多くなる。各《かく》地《ち》で運動会などの催《もよお》しやハイキングなどがおこなわれるのは、このころだ。ただし、その高気《こうき》圧《あつ》のあとを追って低気圧《ていきあつ》もやってくるので、春と同じように、秋の天候《てんこう》もかわりやすい。

秋は紅葉《こうよう》（もみじ、とも読む）の季節《きせつ》。カエデなどの紅葉《こうよう》が見ごろの日にちを結《むす》んだ**紅葉前《こうようぜん》線《せん》**は、春のサクラ前線《ぜんせん》とは反対に、日本列島《れっとう》を北から南へとすすんでいく。10月半ばに北海道をスタートし、11月の終わりごろ九州に達《たっ》する。これにあわせるように、初霜《はつしも》や初氷《はつごおり》（秋から冬に最初《さいしょ》に張《は》る氷）、初雪《はつゆき》など、冬のたよりが各地《かくち》からとどく。

このころ、残《のこ》った木の葉をふき散《ち》らす、冷《つめ》たい北よりの強風、**木枯《こが》らし1号**もふく。気象庁《きしょうちょう》では「10月半ばごろから11月末《まつ》までの間で、西《せい》高東低《こうとうてい》の冬型《ふゆがた》の気圧配置《きあつはいち》のとき、北から西北西までの風が最大風速《さいだいふうそく》で毎秒8メートル以上《いじょう》ふくとき」を「木枯《こが》らし」とよんでいる。その1号がふくのは、東京や大阪《おおさか》では11月7日ごろの**立《りっ》冬《とう》**のころが多い。

東京に「木枯《こが》らし1号」がふいた日の天気図

●冬の天候《てんこう》の特《とく》ちょうは?

木枯《こが》らし1号がふくと、冬の足音が聞こえてくるが、そのあと、一気に寒波《かんぱ》（冷《つめ》たい空気の流れ）がおそってくるというわけではない。晩《ばん》秋《しゅう》から冬のはじめごろ、移動性高気圧《いどうせいこうきあつ》におおわれたりすると、ぽかぽかと暖《あたた》かい晴天《せいてん》になることがあり、これを小春日和《こはるびより》という。「小春《こはる》」とは旧暦《きゅうれき》（日本の古い暦《こよみ》）で10月（今の11月ごろ）の呼《よ》び名のひとつだ。

やがて、ユーラシア大陸《たいりく》の北東部にあるシベリア高気圧《こうきあつ》が勢力《せいりょく》を強め、そこから冷《つめ》たい北よりの季節風《きせつふう》が、たえず日本列島《れっとう》にふきこむようになる。この風は日本海の上空でたっぷりと水《すい》蒸気《じょうき》をすいこんで雲をつくり、この雲をともなった風が日本の中央の高い山脈《さんみゃく》にぶつかると、日本海側《にほんかいがわ》の地方に多くの雪をふらせる。山脈《さんみゃく》をこえた風は、すでに水蒸気《すいじょうき》を雪として落としているので、かわいた冷《つめ》たい風として、太平洋側《たいへいようがわ》

「からっ風」のふくしくみ

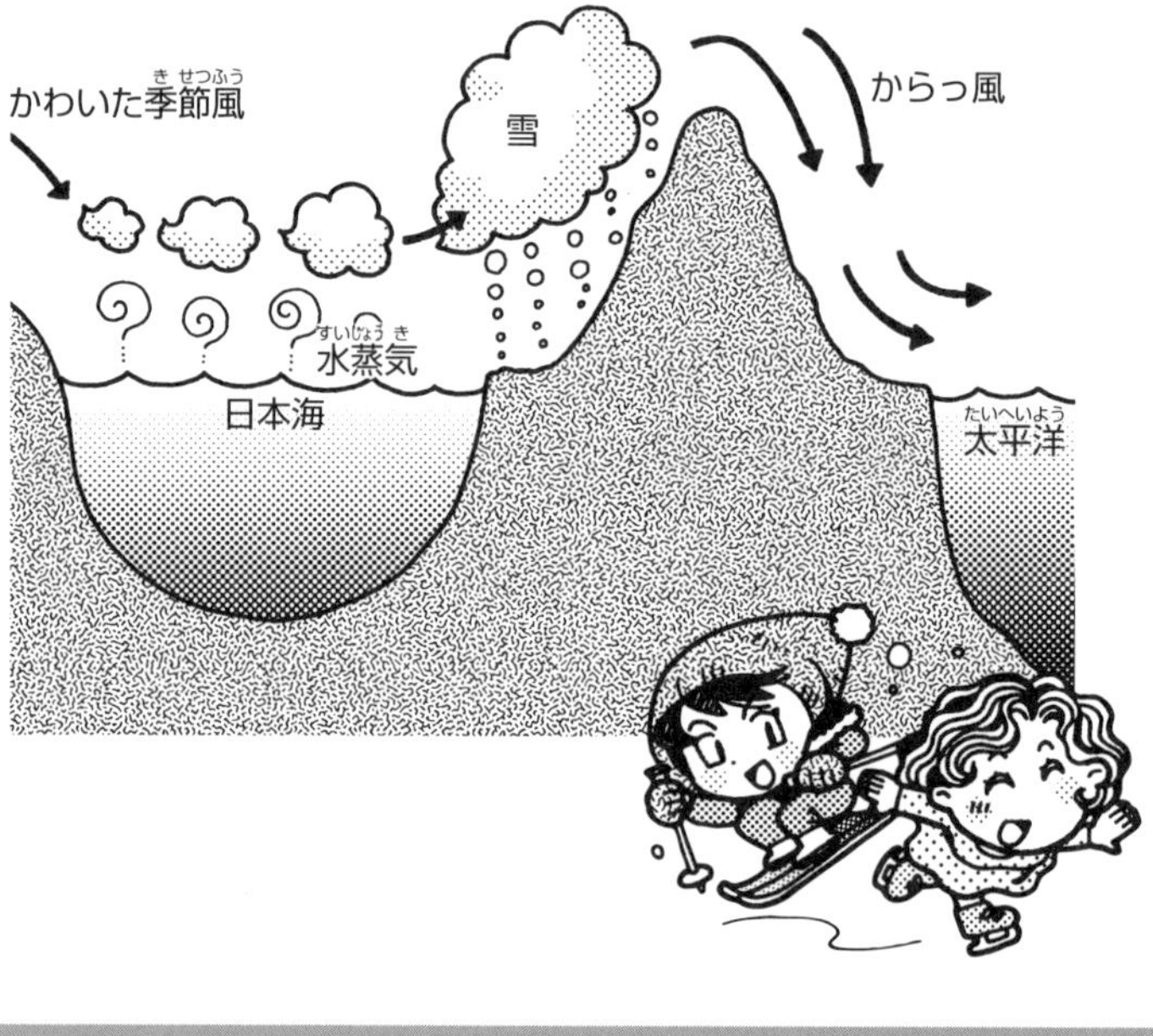

の地方にふきおろす。これが、**からっ風**だ。群《ぐん》馬《ま》県をはじめとして、関東《かんとう》地方はからっ風がとくに強い。関東《かんとう》平野と日本海側《にほんかいがわ》の間に、山が囲《かこ》むように立ちはだかっているためだ。

このように、冬の日本海側《にほんかいがわ》では、しめっぽい雪の日やくもりの日がつづき、太平洋側《たいへいようがわ》ではからからに乾燥《かんそう》した晴れの日がつづく。こういうときは**西高東低型《せいこうとうていがた》の冬型《ふゆがた》の気圧配置《きあつはいち》**になっていて、西の大陸《たいりく》に**シベリア高気圧《こうきあつ》**があり、北海道の東方に低気圧《ていきあつ》がある。天気図の上では、大陸《たいりく》と日本の間にある等圧線《とうあつせん》が縦《たて》にならんでいることが多く、その間隔《かんかく》がせまければせまいほど、強い季節風《きせつふう》がふきだす。

こうした強い寒波《かんぱ》がふきだしてくると、気温はぐっと下がって、寒い地方では一日の最高《さいこう》気温が0度未満《みまん》の**真冬日《まふゆび》**になることが多い。寒い地方の冬のくらしはきびしいが、スキーやスケート、かまくらと、楽しい遊びも待っている。

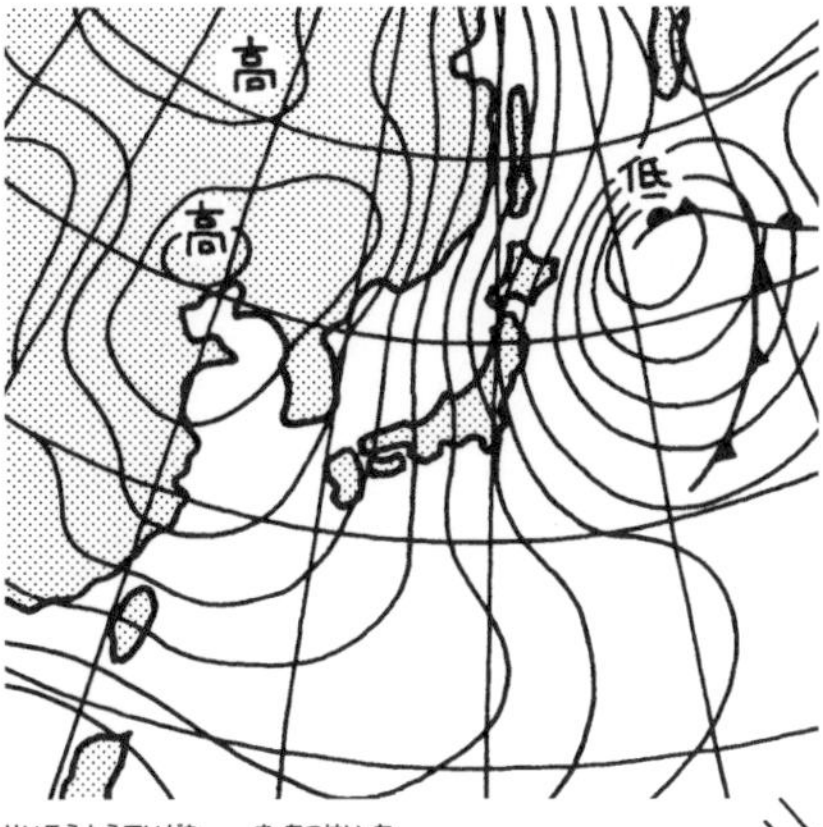

西高東低型《せいこうとうていがた》の気圧配置《きあつはいち》の天気図

もっと知りたい!

二十四節気《にじゅうしせっき》って、なに？

一年を24にわけ、そのひとつずつに季節的《きせつてき》な特《とく》ちょうをあらわす名をつけたのが「二十《にじゅう》四節気《しせっき》」だ。暦《こよみ》の一種《いっしゅ》で、季節《きせつ》の変化《へんか》がよくわかる。

二十四節気《にじゅうしせっき》は今から二千数百年前に中国でつくられ、日本には8世紀《せいき》の奈良《なら》時代に伝《つた》わった。そのあとずっと、明治《めいじ》時代のはじめごろまで、旧暦《きゅうれき》とともに使われていた。季節《きせつ》を知るめやすとなる自然現象《しぜんげんしょう》などがよくわかり、日常《にちじょう》生活や農作業などをおこなうのにおおいに役立った。

二十四節気《にじゅうしせっき》の一年は、春のはじまりである「立春《りっしゅん》」からスタートする。

春

立春《りっしゅん》　2月4日ごろ

二十四節気《にじゅうしせっき》の暦《こよみ》のうえでは、この日から春がはじまる。暖《あたた》かい地方では、ウメの花が咲《さ》いている。

雨水《うすい》　2月19日ごろ

雪が雨にかわるころ、という意味。農作業の準備《じゅんび》をはじめるめやすとした。

啓蟄《けいちつ》　3月6日ごろ

土のなかで冬ごもりしていた虫が穴《あな》からでてくるころ、という意味。じっさいに、多くの地方で虫が活動をはじめるのは、もうすこし先になる。

春分《しゅんぶん》　3月21日ごろ

昼と夜の長さがほぼ同じになり、翌日《よくじつ》から昼のほうが長くなる。

春

清明《せいめい》 4月5日ごろ

清《きよ》らかで気持ちのよい季節《きせつ》。関東《かんとう》から西の地方では、サクラが満開《まんかい》のころ。

穀雨《こくう》 4月20ごろ

穀物《こくもつ》をうるおして芽《め》をださせる雨がふるころ、という意味。春雨《はるさめ》をうけて木々も芽《め》ぶきはじめる。

夏

立夏《りっか》 5月6日ごろ

この日から夏がはじまる。暖《あたた》かい地方は新緑《しんりょく》の季節《きせつ》、寒い地方ではサクラが見ごろをむかえる。

小満《しょうまん》 5月21日ごろ

植物などが生《お》いしげり地上に満《み》ちるころ、という意味。沖縄《おきなわ》や奄美諸島《あまみしょとう》はすでに梅雨《つゆ》に入っている。

芒種《ぼうしゅ》 6月6日ごろ

芒《のぎ》（イネなどのトゲ）のある穀物《こくもつ》の種《たね》をまくころ、という意味。関東《かんとう》でもそろそろ梅雨《つゆ》いりだ。

夏至《げし》 6月21日ごろ

一年のうちで、いちばん昼の長い日。しかし、日本では梅雨《つゆ》のため、日照《にっしょう》時間が短いことが多い。

小暑《しょうしょ》 7月7日ごろ

この日から「暑気《しょき》」（夏の暑さ）に入る。梅雨《つゆ》の終わりごろの集中豪雨《しゅうちゅうごうう》がおきやすい時期だ。

大暑《たいしょ》 7月23日ごろ

暑さがもっともきびしいころ、という意味。各地《かくち》で梅雨《つゆ》あけのころで、暑さはこれからが本番だ。

秋

立秋《りっしゅう》　8月8日ごろ

　この日から秋がはじまる。夏のいちばん暑いころだが、高原や北日本などでは、朝夕などに秋めいた気配《けはい》も感じられる。

処暑《しょしょ》　8月23日ごろ

　暑さがおさまるころ、という意味。気温がすこし下がりはじめ、虫の音《ね》がしだいに澄《す》んでくる。

白露《はくろ》　9月8日ごろ

　野の草につく露《つゆ》が白く見えるころ、という意味。ハギの花やススキの穂《ほ》が見えはじめ、朝夕はかなりしのぎやすい。秋の長雨《ながあめ》の季節《きせつ》に入るころだ。

秋分《しゅうぶん》　9月23日ごろ

　昼と夜の長さがほぼ同じになり、翌日《よくじつ》から夜が長くなる。「秋の夜長《よなが》」の時期がはじまる。

寒露《かんろ》　10月8日ごろ

　冷《つめ》たい露《つゆ》がおりるころ、という意味。秋の長雨《ながあめ》がそろそろ終わり、澄《す》んだ秋晴《あきば》れの日が多くなる。

霜降《そうこう》　10月23日ごろ

　霜《しも》がおりるころ、という意味。東北地方や本州中部で初霜《はつしも》のおりるころだ。

冬

立冬《りっとう》　11月7日ごろ

この日から、冬がはじまる。東北地方南部から関東《かんとう》地方にかけて初霜《はつしも》がおり、木枯《こが》らし１号がふきはじめるころだ。

小雪《しょうせつ》　11月22日ごろ

寒さは本格的《ほんかくてき》ではないが、雪がふることもある、という意味。関東《かんとう》地方でも、内陸部《ないりくぶ》では初氷《はつごおり》が見られる。

大雪《たいせつ》　12月7日ごろ

雪が本格的《ほんかくてき》にふる季節《きせつ》、という意味。シベリアからの大陸《たいりく》の高気圧《こうきあつ》がはりだしてくると、日《に》本海側《ほんかいがわ》の山の斜面《しゃめん》には、大雪がふることがある。

冬至《とうじ》　12月22日ごろ

北半球では、一年のうちで太陽の高さがもっとも低《ひく》くなり、昼の長さがいちばん短い日。冬至《とうじ》には、風呂《ふろ》にユズを入れて、体を暖《あたた》める。

小寒《しょうかん》　1月5日ごろ

寒さがきびしさをましてくるころ、という意味。そろそろ本格的《ほんかくてき》な冬をむかえる。

大寒《だいかん》　1月20日ごろ

一年中でいちばん寒さがきびしいころ、という意味。日本各地《かくち》で寒さ本番のころだが、沖縄《おきなわ》からはカンヒザクラの開花《かいか》のたよりがとどく。

もっと知りたい!

雑節《ざっせつ》って、なに?

二十四節気《にじゅうしせっき》は中国でつくられたものなので、日本の季節《きせつ》におきかえると、多少ずれてしまう。これをおぎなうために、日本の風土《ふうど》にあわせてもうけられた季節《きせつ》の節目《ふしめ》が「雑節《ざっせつ》」だ。

節分《せつぶん》 2月3日ごろ

立春《りっしゅん》の前日。厄《やく》をはらう「豆まき」の行事などがおこなわれる。

春の彼岸《ひがん》 3月21日前後

春分《しゅんぶん》とその前後３日間をあわせて７日間が春の彼岸《ひがん》。お墓《はか》まいりをしたり、「ぼたもち」を食べる。

八十八夜《はちじゅうはちや》 5月2日ごろ

立春《りっしゅん》からかぞえて、88日め。茶畑《ちゃばたけ》では茶つみが最盛期《さいせいき》をむかえる。「夏も近づく八十八夜《はちじゅうはちや》……」という「茶《ちゃ》つみ」の歌でも有名だね。

入梅《にゅうばい》 6月11日ごろ

暦《こよみ》のうえでは、この日から梅《つ》雨《ゆ》に入る。

二百十日《にひゃくとおか》 9月1日ごろ

立春《りっしゅん》からかぞえて210日めの日。古くから、台風がおそってくる時期とされた。

土用《どよう》 7月20日ごろから18日間

立夏《りっか》の前の18日間を土用《どよう》といい、「土用《どよう》の丑《うし》の日」には、ウナギを食べる。

秋の彼岸《ひがん》 9月23日前後

秋分《しゅうぶん》とその前後３日間をあわせた７日間。お墓《はか》まいりをしたり、「おはぎ」を食べる。おはぎは、ぼたもちと同じだが、この季節《きせつ》に咲《さ》くハギの花から、秋には名をかえてよぶ風習《ふうしゅう》がある。

天気の大常識…

その5

天気図をよんで天気予《よ》報《ほう》をしよう！

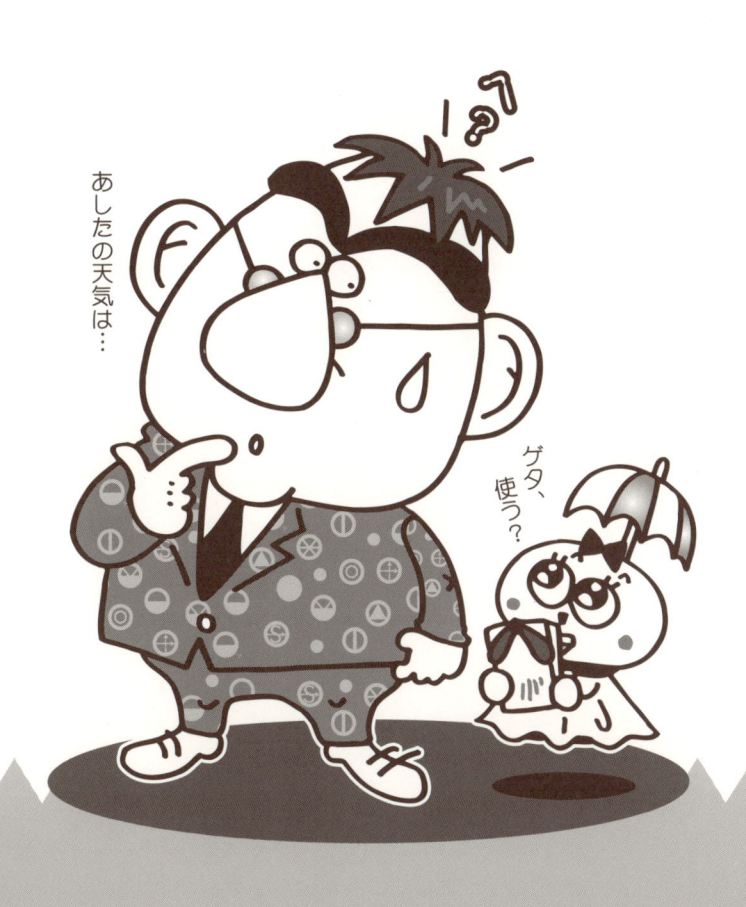

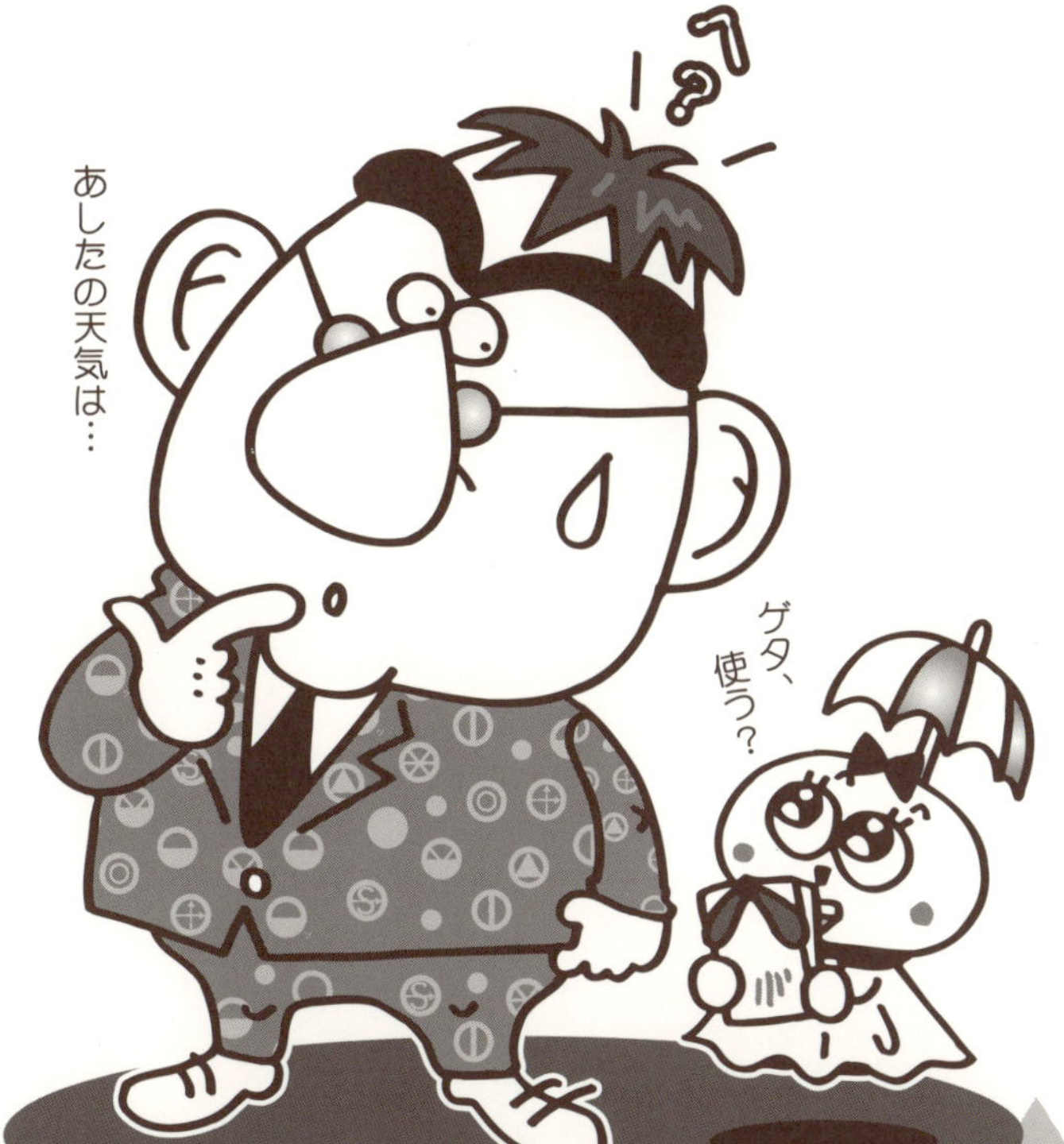
あしたの天気は…
ゲタ、使う？

天気予報《よほう》 天気図を考えだしたのは、だれ？

天気図というのは、１枚《まい》の地図の上に各地《かくち》の天気や風向《ふうこう》、風速《ふうそく》、気圧《きあつ》などをかきこみ、等圧線《とうあつせん》や前線《ぜんせん》をひいた「天気の地図」だ。いったい、いつ、だれが、こんな図を考えだしたのだろう？

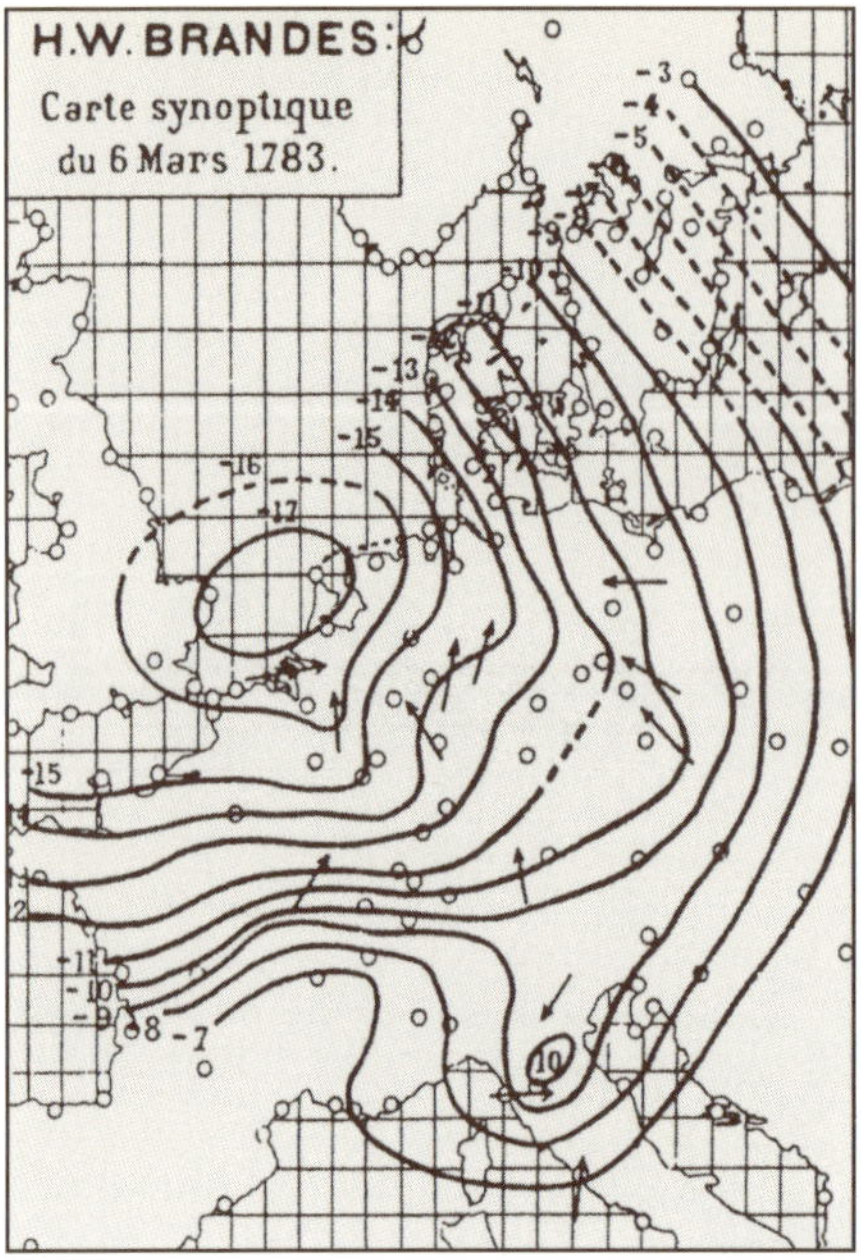

ドイツのブランデスがえがいた、世界で最初《さいしょ》の天気図

世界で最初《さいしょ》の天気図は、１８２０年にドイツの天文学者《てんもんがくしゃ》ブランデスによってつくられた。かれは１７８３年3月6日にヨーロッパをおそった嵐《あらし》を調査《ちょうさ》するため、ヨーロッパ各地《かくち》の研究者に手紙をだし、観測資料《かんそくしりょう》を送ってもらった。そして、37年後に、そのときの嵐《あらし》の天気図を完成《かんせい》させた。これが、世界で最初《さいしょ》の天気図だ。

それまでの気象観測《きしょうかんそく》は、それぞれの地点だけで記録《きろく》されていたが、ブランデスが広くヨーロッパ各地での観測結果《かんそくけっか》を図にまとめたことで、高気圧《こうきあつ》や低気圧《ていきあつ》のような大きな大気の現象《げんしょう》がとらえられるようになった。

天気図をつくるためには、同じ時刻《じこく》に、いくつもの地点で気象観測《きしょうかんそく》をおこなうことが必要《ひつよう》だ。

どう？　クイズは、けっこうためになるでしょ。
どんどん、正解《せいかい》してね！

天気予報《よほう》

世界で最初《さいしょ》の天気予報《よほう》は、いつ？

天気予報《よほう》をだすようになったのは、いつごろからなのだろう？

話は、１８５４年のクリミア戦争《せんそう》（ロシアとフランス・イギリスなどが戦《たたか》った）にはじまる。

黒海《こっかい》にいたフランスの戦艦《せんかん》アンリ４世号が、この年、暴風《ぼうふう》のために沈没《ちんぼつ》した。フランス政府《せいふ》はパリ天文台長《てんもんだいちょう》のルベリエに命じて、原因《げんいん》を調査《ちょうさ》させた。その結果《けっか》、天気図がつくられ、その図から、ひじょうに発達《はったつ》した低気圧《ていきあつ》が西南西から移動《いどう》してきたことや、低気圧《ていきあつ》が何時に、どの位置《いち》にあったかなどが明らかになった。

このことからルベリエは、定期的《ていきてき》に天気図をつくり、低気圧《ていきあつ》を見つけてその進路を追っていけば、艦隊《かんたい》は暴風《ぼうふう》の危険《きけん》からのがれられただろうと考えた。これが、近代的《きんだいてき》な天気予報《よほう》をだすきっかけとなり、フランスでは１８５８年に、世界ではじめて天気図による天気予報《よほう》がはじめられた。各国《かっこく》はこれにならい、きそって気象事業《きしょうじぎょう》をはじめた。

天気図による天気予報《よほう》がはじまる前は、どうやってあすの天気を予測《よそく》した？

1 くつを投げて　**2** 川の流れを見て　**3** 空のようすを見て　（答えはつぎのページ）

天気予報《よほう》

日本で最初《さいしょ》の天気予報《よほう》は、いつ？

日本で最初《さいしょ》に印刷された1883年3月1日の天気図
（気象庁提供《きしょうちょうていきょう》）

フランスで世界最初《さいしょ》の天気予報《よほう》がだされてから26年後の1884（明治《めいじ》17）年6月1日に、日本で初《はつ》の天気予報《よほう》が東京気象台《きしょうだい》（今の気象庁《きしょうちょう》）から発表された。その内容《ないよう》は「全国一般《いっぱん》、風の向きは定《さだ》まりなし、天気はかわりやすし、ただし雨天《うてん》がち」という、おおまかなものだった。この天気予報《よほう》はドイツ人のクニッピングによって作成《さくせい》された。以後《いご》、1日に3回の天気予報《よほう》がだされるようになった。

最初《さいしょ》の天気予報《よほう》がだされる前の年の1883年には、やはりクニッピングの手によって、日本で最初《さいしょ》の天気図がつくられていた。これは、全国22の測候所《そっこうじょ》の観測《かんそく》データを電報《でんぽう》で集めてつくられた。

新聞に最初《さいしょ》に天気予報《よほう》がのったのは、1888年で、『時事新報《じじしんぽう》』という新聞だった。明治《めいじ》時代にはラジオもテレビもなく、天気予報《よほう》を伝《つた》えるのに、各地《かくち》の気象台《きしょうだい》や測候所《そっこうじょ》では、役所に天気ごとの旗《はた》を立てて知らせたり、駅などに予報《よほう》をはりだしたりもしていた。

103ページの答え **3** 空のようすを見て　雲や風、虹《にじ》など空の状態《じょうたい》から天気を予測《よそく》することを「観天望気《かんてんぼうき》」という。36ページにでてきたよね。

天気予報《よほう》

日本の気象庁《きしょうちょう》はいつ、はじまった？

明治《めいじ》時代はじめのころの中央気象台《きしょうだい》（気象庁提供《きしょうちょうていきょう》）

前のページにでてきた東京気象台《きしょうだい》が、今の気象《きしょう》庁《ちょう》のはじまりだ。1875（明治《めいじ》8）年6月1日、おもに気象観測《きしょうかんそく》をする役所として設立《せつりつ》された。のちに6月1日は「気象記念日《きしょうきねんび》」となった。

1887年に、東京気象台《きしょうだい》は中央気象台《きしょうだい》と名をあらため、第二次世界大戦後《だいにじせかいたいせんご》の1956（昭和《しょうわ》31）年に気象庁《きしょうちょう》となって、今日にいたっている。

その間に気象観測《きしょうかんそく》や天気予報《よほう》の技術《ぎじゅつ》もずいぶん進歩した。明治《めいじ》時代に天気予報《よほう》がはじまったころは、日本全国を2～4つにわけたおおざっぱな予《よ》報《ほう》だったが、現在《げんざい》は全国を140の地域《ちいき》にわけて予報《よほう》を発表している。予報《よほう》の内容《ないよう》も、「降水確率《こうすいかくりつ》」や時間ごとの天気や気温を示《しめ》す「時系列予報《じけいれつよほう》」など、きめ細かい。

上の絵の中央にある、箱型《はこがた》の観測装置《かんそくそうち》をなんというか？
1 アメダス　2 百葉箱《ひゃくようばこ》　3 玉手箱《たまてばこ》　（答えはつぎのページ）

天気予《よ》報《ほう》

新聞の天気図があらわしているのは？

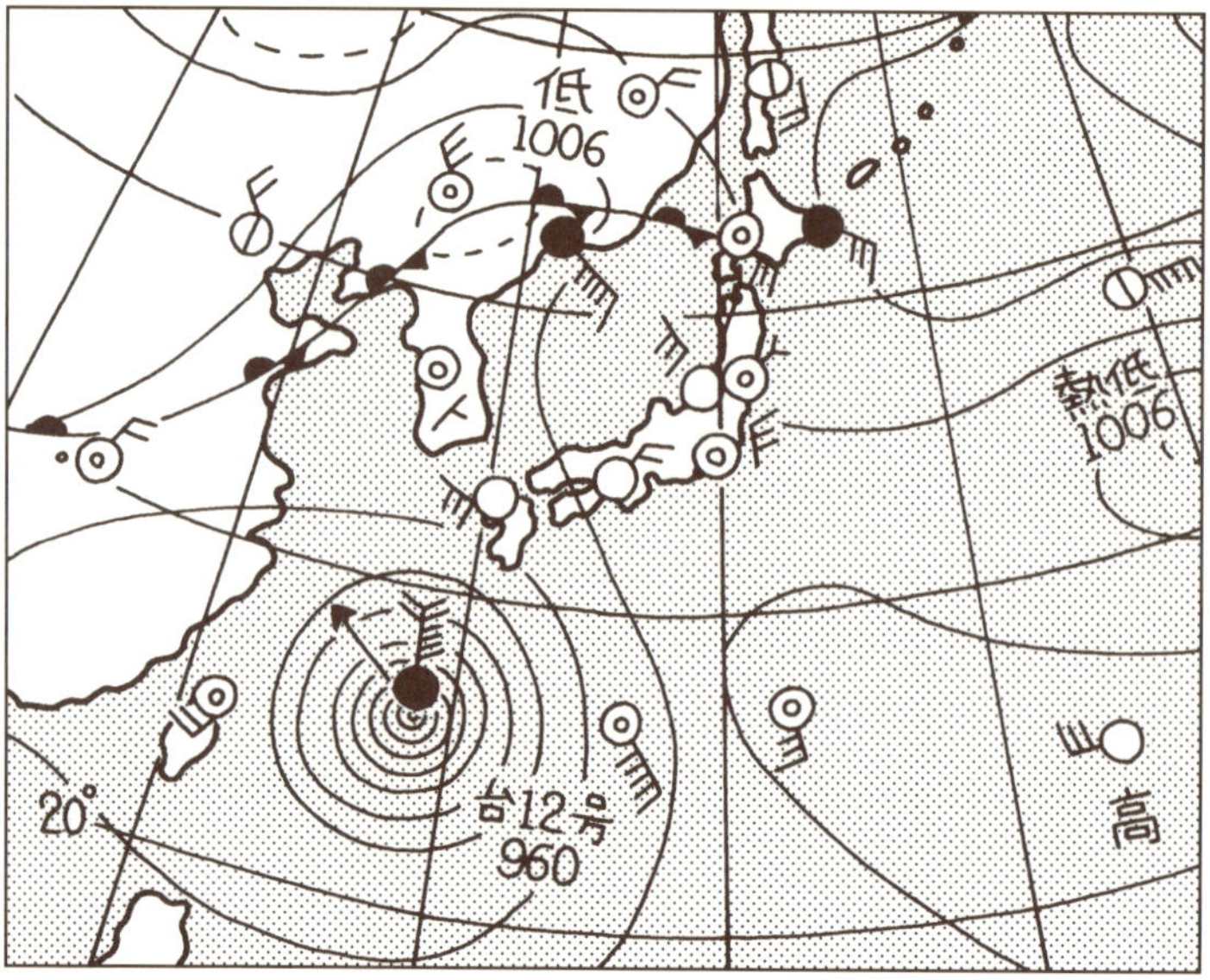

新聞の天気図。きょうの新聞には、どんな天気図がのっているかな？

日本の各《かく》新聞社は、気象庁《きしょうちょう》が発表した天気図などをもとに、細かい部分を省略《しょうりゃく》して、天気図をつくっている。新聞社によって、あらわし方がすこしずつちがうが、基本《きほん》は同じなので、見方を覚《おぼ》えれば、どの天気図でもわかるようになる。天気図にどんなことがかかれているか、新聞の天気図をじっさいにみてみよう。

天気図で目につくのは、地図の等高線《とうこうせん》のような何本もの線。これは「等圧線《とうあつせん》」といい、気圧《きあつ》の等《ひと》しいところを結《むす》んでいる。「高」は高気圧《こうきあつ》で、まわりより気圧《きあつ》が高いところ、「低」は低気圧《ていきあつ》で、まわりより気圧《きあつ》が低《ひく》いところだ。「台」は台風。○のなかは天気を、羽《はね》のようなものは風向《ふうこう》と風力《ふうりょく》をあらわしている。（記号の見方は119ページ参照《さんしょう》）

105ページの答え **2** 百葉箱《ひゃくようばこ》　全体を白くぬった木の箱で、このなかに温度計や湿度計《しつどけい》が入っている。10ページも見てみよう。

天気予報《よほう》

天気図にはどんな種類《しゅるい》があるの？

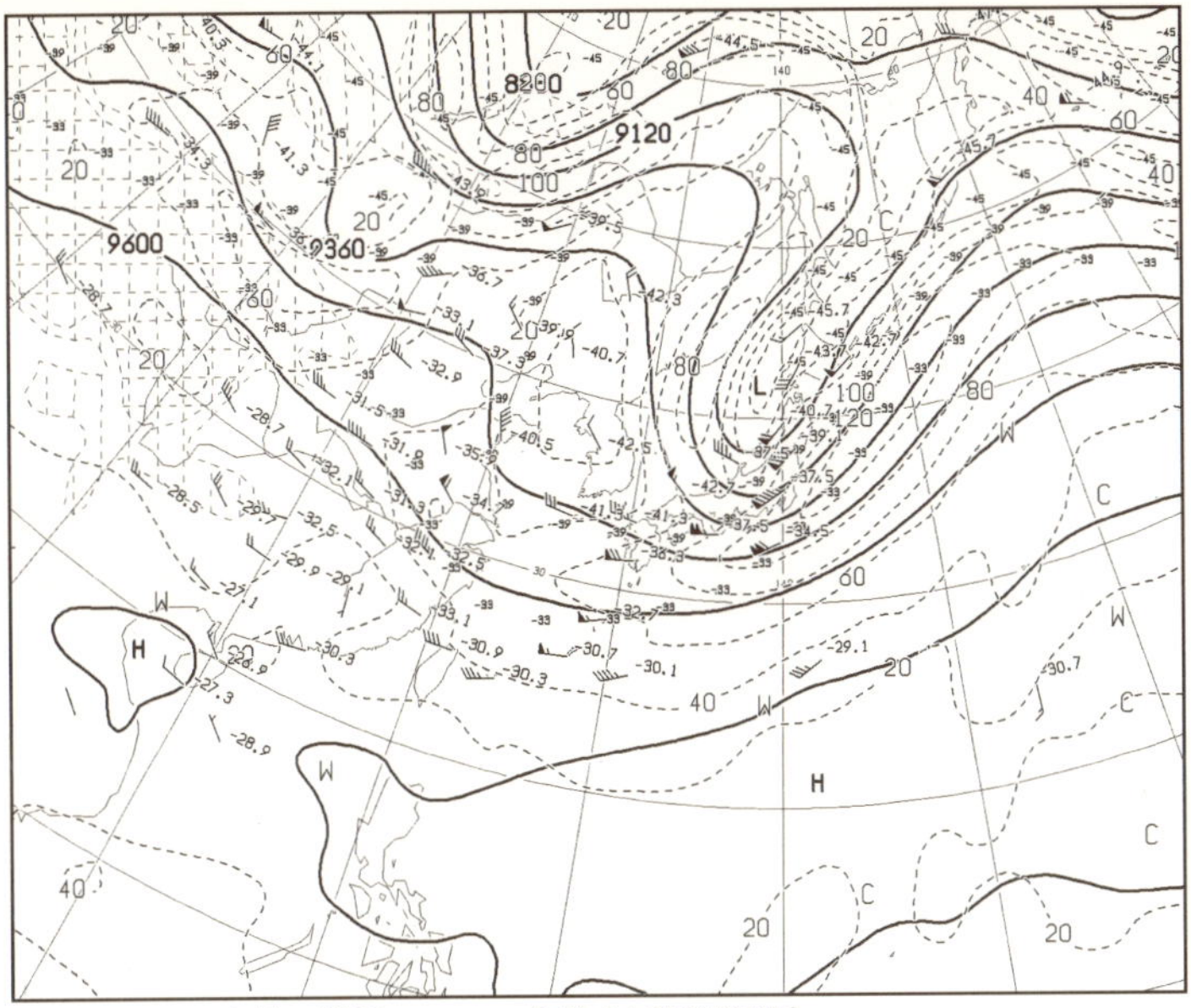

上空9000m付近《ふきん》の高層《こうそう》天気図（日本《にほん》気象《きしょう》協会《きょうかい》提供《ていきょう》）

天気図には、「地上天気図」や「高層《こうそう》天気図」などがある。新聞やテレビでよく見るのは、地上天気図で、地上付近《ふきん》の気象《きしょう》のようすをあらわしている。右ページの天気図は、地上天気図だ。

高層《こうそう》天気図（上の図）は、高層《こうそう》の大気の状態《じょうたい》をあらわす図だ。上空１５００メートル付近《ふきん》などいくつかの高さでつくられる。上空の風や気温などがよくわかり、天気予報《よほう》に欠《か》かせない資料《しりょう》だ。

天気図には、このようなわけ方とは別に、「実《じっ》況《きょう》天気図」と「予想天気図」というわけ方がある。実況《じっきょう》天気図は、観測《かんそく》の結果《けっか》をもとにした実際《じっさい》の気《き》象《しょう》のようすをあらわす図で、予想天気図は先を予想してつくる図だ。テレビであしたの天気をしめすときなどに使われるのは、予想天気図だ。

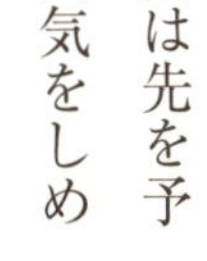

天気図の中の気圧《きあつ》の等《ひと》しいところを結《むす》んだ「等圧線《とうあつせん》」は、まじわることがあるか？　**1** ある　**2** ない　**3** 直角《ちょっかく》にまじわる　（答えはつぎのページ）

気象観測《きしょうかんそく》

どんな気象観測《きしょうかんそく》をしているの？

天気予報《よほう》をだすのは、大がかりな仕事だ。先の天気を予測《よそく》するためには、まず、現在《げんざい》のようすを知らなければならない。そのために気象庁《きしょうちょう》では、気象観測《きしょうかんそく》によって日本や世界の気象《きしょう》データをたえず集めている。

つぎにあげるように、全国の気象台《きしょうだい》や測候所《そっこうじょ》、気象衛星《きしょうえいせい》や気象《きしょう》ロケット、気球、観測船《かんそくせん》など、また、地表から上空までと、場所や方法《ほうほう》はさまざま。飛行中《ひこうちゅう》の航空機《こうくうき》や海上の船などからも情報《じょうほう》がよせられ、外国の気象台《きしょうだい》ともデータを交換《こうかん》している。

地上気象観測《きしょうかんそく》 全国約《やく》85か所にある気象官署《きしょうかんしょ》（気《き》象台《しょうだい》約《やく》51か所、測候所《そっこうじょ》34か所など）で、地上の気《き》圧《あつ》、気温、湿度《しつど》などの観測《かんそく》をおこなっている。

地域気象観測《ちいききしょうかんそく》 全国に無人《むじん》の観測所《かんそくじょ》（アメダス）をもうけ、降水量《こうすいりょう》などの観測《かんそく》をおこなっている。

海洋気象観測《きしょうかんそく》 5せきの海洋気象観測船《きしょうかんそくせん》と、漂流《ひょうりゅう》型《がた》海洋気象《きしょう》ブイなどで、海水の温度などを観測《かんそく》。

気象《きしょう》レーダー観測《かんそく》 全国に20台の気象《きしょう》レーダーをおいて、雨雲《あまぐも》の状態《じょうたい》を観測《かんそく》している。

高層気象観測《こうそうきしょうかんそく》 気球や電波を使って、上空約《やく》30キロメートルまでの気圧《きあつ》、気温、風などを観測《かんそく》。

気象《きしょう》ロケット観測《かんそく》 観測用《かんそくよう》の機器《きき》をのせた気象《きしょう》ロケットを、毎週1回、上空約《やく》60キロまで打ちあげ、そこからパラシュートにつけた機器《きき》を落としながら、気温や風を観測《かんそく》している。

気象衛星観測《きしょうえいせいかんそく》 赤道上《せきどうじょう》の軌道《きどう》をまわるように打ちあげられた衛星《えいせい》から、雲や台風などの状況《じょうきょう》、火山の噴煙《ふんえん》などをとらえている。

107ページの答え **2** ない　天気図の等圧線《とうあつせん》は、地図の等高線《とうこうせん》とよく似《に》ている。ぜったいに、まじわることはないのよ。

天気予報《よほう》ができるまで

気象観測《きしょうかんそく》で得《え》られたデータは、すべて気《き》象庁《しょうちょう》へ集められ、図のような流れをへて、天気予報《よほう》が発表される。

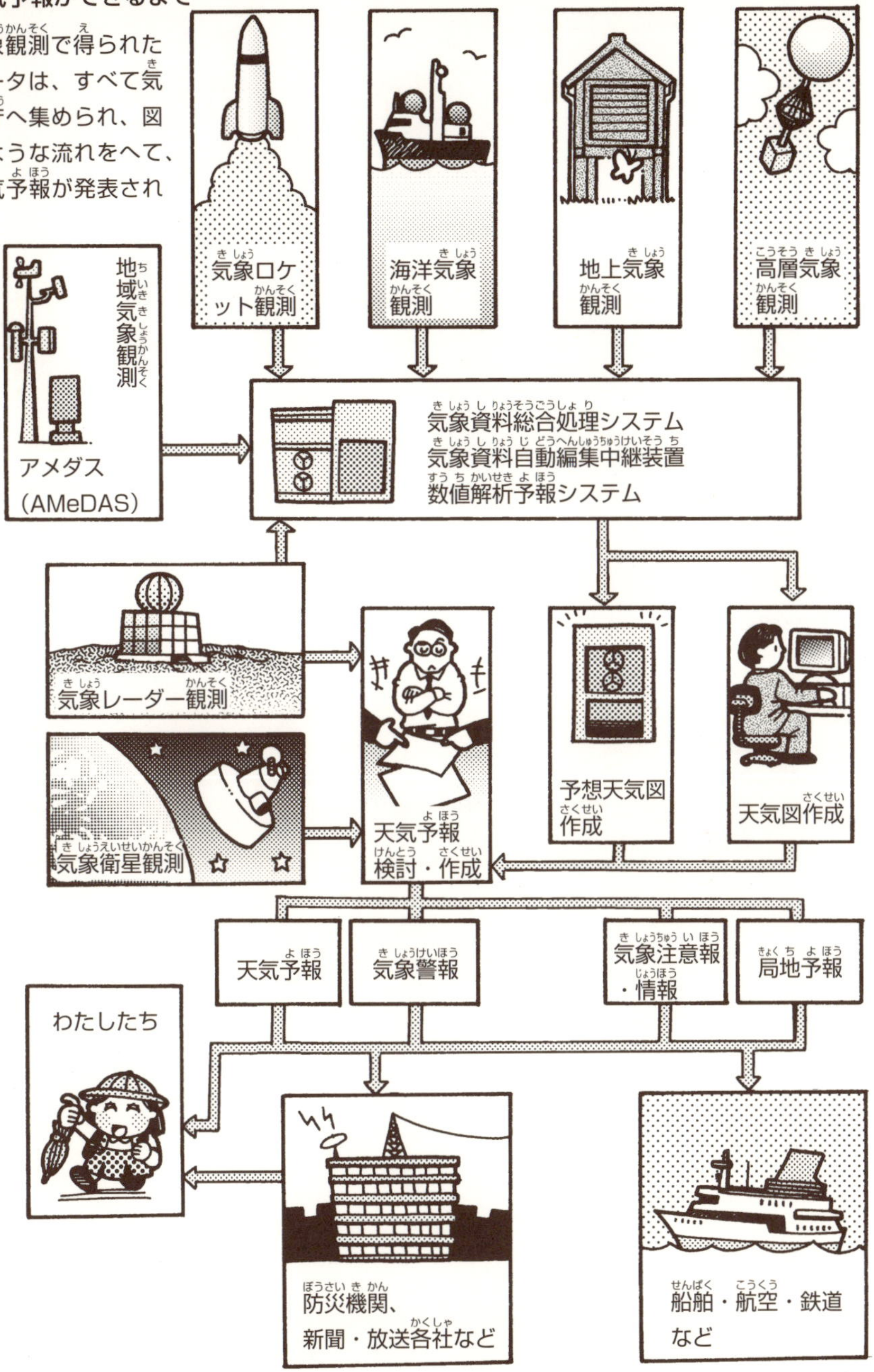

「アメダス」は、全国に何か所くらい設置《せっち》されているか？
1 約《やく》150 か所　**2** 約《やく》800 か所　**3** 約《やく》1300か所　（答えはつぎのページ）

気象観測《きしょうかんそく》

衛星画像《えいせいがぞう》には、どんなものがあるの？

1994年9月25日の衛星画像《えいせいがぞう》

可視画像《かしがぞう》では、光があたっていない大陸《たいりく》の雲のようすがはっきりしないが、赤外画像《せきがいがぞう》では、はっきりとうつしだされている。

(日本《にほん》気象《きしょう》協会《きょうかい》提供《ていきょう》)

赤外画像《せきがいがぞう》

可視画像《かしがぞう》

テレビの天気予報《よほう》などで、気象衛星《きしょうえいせい》から送られた画像《がぞう》をよく目にする。これには「赤外画像《せきがいがぞう》」「可視画像《かしがぞう》」「水蒸気画像《すいじょうきがぞう》」の3種類《しゅるい》がある。それぞれの特《とく》ちょうをみてみよう。

赤外画像《せきがいがぞう》　地球からでている赤外線《せきがいせん》を分析《ぶんせき》して、できた画像《がぞう》。可視画像《かしがぞう》は昼間しか得《え》られないので、テレビや新聞では、この画像《がぞう》を使うことが多い。温度の低《ひく》い、高いところにある雲ほど白く写る。

可視画像《かしがぞう》　ふつうの写真と同じような画像《がぞう》。赤外《せきがい》画像《がぞう》にくらべて解像度《かいぞうど》が高いので、細かい部分の観測《かんそく》ができる。厚《あつ》い雲や密《みつ》な雲ほど白く写る。

水蒸気画像《すいじょうきがぞう》　波長《はちょう》のちがうふたつの赤外線《せきがいせん》を使って、水蒸気《すいじょうき》が多いほど白くなるような画像《がぞう》としてあらわしたもの。テレビでは、あまり見かけない。

109ページの答え **3**　約《やく》1300か所　面積《めんせき》でいうと約《やく》17km²に1か所の割合《わりあい》になる。アメダスと気象《きしょう》レーダーを合わせて、よりくわしく観測《かんそく》している。

気象観測《きしょうかんそく》

生物季節観測《せいぶつきせつかんそく》って、なに？

ある季節《きせつ》になると、花が咲《さ》いたり、ツバメが渡《わた》ってきたりすることを「生物季節《せいぶつきせつ》」という。毎年、きまった場所やきまったやり方で、それを観測《かんそく》することが「生物季節観測《せいぶつきせつかんそく》」だ。植物の観測《かんそく》と動物の観測《かんそく》がある。

全国の気象台《きしょうだい》や測候所《そっこうじょ》では、ウメ、サクラ、アジサイ、イチョウ、カエデなど12種《しゅ》の植物の開花《かいか》日《び》や紅《こう》・黄葉日《おうようび》などをしらべている。また、動物では、ウグイス、モンシロチョウ、ホタル、アブラゼミ、モズなど14種《しゅ》のはじめて鳴いた日や、はじめて見られた日を観測《かんそく》している。

生物季節観測《せいぶつきせつかんそく》により、天候《てんこう》が生物におよぼす影響《えいきょう》や、季節《きせつ》のすすみぐあいが平均的《へいきんてき》な年よりはやいかおそいかなどがわかり、農業などに役立つ。

ウグイスがはじめて鳴いた日の平年値《へいねんち》は、沖縄《おきなわ》の那覇《なは》で2月20日だ。では、北海道の稚内《わっかない》では？　**1** 3月20日　**2** 4月15日　**3** 5月1日（答えはつぎのページ）

天気予《よ》報《ほう》

天気予報《よほう》は、どうやってだすの？

さまざまなデータをもとに、検討《けんとう》している予報官《よほうかん》たち。

気象観測《きしょうかんそく》によって得《え》られたデータは、通信回線《つうしんかいせん》を通して、すべて気象庁《きしょうちょう》へ集められる。気象庁《きしょうちょう》では、そのデータを「気象資料総合処理《きしょうしりょうそうごうしょり》システム」というコンピュータ・システムによって編集《へんしゅう》し、分析《ぶんせき》や予報《よほう》に使うためのたくさんの資料《しりょう》をつくる。このとき、観測結果《かんそくけっか》にもとづいた地上天気図や高《こう》層《そう》天気図もコンピュータによって自動的《じどうてき》に作成《さくせい》される。また、スーパーコンピュータが、先の気象《きしょう》状況《じょうきょう》についての予想天気図も作成《さくせい》する。一部は、人間が手がきもする。

予報官《よほうかん》はこれらの天気図や気象衛星《きしょうえいせい》の資料《しりょう》、レーダーやアメダスの資料《しりょう》などを総合的《そうごうてき》に検討《けんとう》する。そして、いろいろな天気予報《よほう》や、注意報《ちゅういほう》・警報《けいほう》などが発表される。

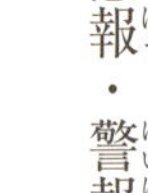

111ページの答え **3** 5月1日　日本の南と北のはしでは、季節《きせつ》のあゆみが2か月以上《いじょう》もちがうのね。

天気予報《よほう》

天気予報《よほう》には、どんな種類《しゅるい》があるの？

東京地方のあさってまでの天気予報《てんきよほう》の適中率《てきちゅうりつ》

気象庁《きしょうちょう》が発表する天気予報《よほう》でいちばん身近なのは、「今日・明日《あす》・明後日《みょうごにち》の予報《よほう》」、つまり、あさってまでの天気予報《よほう》だ。これは5時、11時、17時の1日3回だされる。また、3時間ごとの天気と気温を24時間先まで予報《よほう》する「時系列予報《じけいれつよほう》」や、むこう7日間の毎日の天気を予報《よほう》する「週間天気予報《よほう》」などもよく目にする。

さらに、「長期予報《ちょうきよほう》」として、「1か月予報《よほう》」「3か月予報《よほう》」、3月にだされる「暖候期予報《だんこうきよほう》」、10月にだされる「寒候期予報《かんこうきよほう》」がある。

では、天気予報《よほう》があたる確率《かくりつ》はどれくらいだろう？　気象庁《きしょうちょう》は予報《よほう》の適中率《てきちゅうりつ》を自己採点《じこさいてん》して、上のようなグラフにしている。現在《げんざい》（2003年）の適中率《てきちゅうりつ》は84パーセントくらいだ。

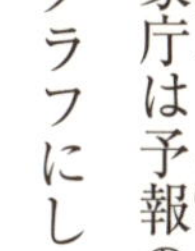

天気予報《よほう》は商品の仕入《しい》れなどにも欠《か》かせない。アイスクリームは、気温が何度をこすと急に売れだすといわれるか？　**1** 18℃　**2** 24℃　**3** 30℃　（答えはつぎのページ）

天気予《よ》報《ほう》

注《ちゅう》意《い》報《ほう》や警《けい》報《ほう》って、どんなもの？

大雨《おおあめ》注《ちゅう》意《い》報《ほう》	なだれ注《ちゅう》意《い》報《ほう》	大雨警報《おおあめけいほう》
洪水《こうずい》注《ちゅう》意《い》報《ほう》	着氷《ちゃくひょう》注《ちゅう》意《い》報《ほう》	洪水警報《こうずいけいほう》
大雪《おおゆき》注《ちゅう》意《い》報《ほう》	着雪《ちゃくせつ》注《ちゅう》意《い》報《ほう》	大雪警報《おおゆきけいほう》
強風《きょうふう》注《ちゅう》意《い》報《ほう》	霜《しも》注《ちゅう》意《い》報《ほう》	暴風警報《ぼうふうけいほう》
風雪《ふうせつ》注《ちゅう》意《い》報《ほう》	低温《ていおん》注《ちゅう》意《い》報《ほう》	暴風雪警報《ぼうふうせつけいほう》
濃《のう》霧《む》注《ちゅう》意《い》報《ほう》	融雪《ゆうせつ》注《ちゅう》意《い》報《ほう》	波《は》浪警報《ろうけいほう》
雷《かみなり》 注《ちゅう》意《い》報《ほう》	波《は》浪《ろう》注《ちゅう》意《い》報《ほう》	高潮警報《たかしおけいほう》
乾燥《かんそう》注《ちゅう》意《い》報《ほう》	高潮《たかしお》注《ちゅう》意《い》報《ほう》	

注《ちゅう》意《い》報《ほう》と警報《けいほう》の種類《しゅるい》

気象庁《きしょうちょう》がだす注《ちゅう》意《い》報《ほう》や警報《けいほう》には上の表のような種類《しゅるい》がある。災害《さいがい》のおそれがあるときには注《ちゅう》意《い》報《ほう》が、重大な災害《さいがい》のおそれがあるときには警報《けいほう》がだされる。これらのほかに、「気象情報《きしょうじょうほう》」として、「台風情報《じょうほう》」や「大雨情報《おおあめじょうほう》」などもだされる。

注《ちゅう》意《い》報《ほう》や警報《けいほう》は、全国を226の地域《ちいき》にわけて発表される。注《ちゅう》意《い》報《ほう》や警報《けいほう》をだす基準《きじゅん》は、地域《ちいき》ごとに定められている。同じ20センチメートルの積雪《せきせつ》でも、東京と北陸《ほくりく》地方ではその影響《えいきょう》がちがうからだ。

なお、現在《げんざい》、天気予報《よほう》は民間の気象情報会社《きしょうじょうほうがいしゃ》などでもだせるが、民間で注《ちゅう》意《い》報《ほう》や警報《けいほう》をだすことは法律《ほうりつ》で禁《きん》じられている。災害《さいがい》をおこすかもしれない気象《きしょう》に注意をよびかけることは、きわめて責《せき》任《にん》の重い仕事なので、気象庁《きしょうちょう》がおこなうのだ。

天気予報《よほう》

「くもり一時雨」と「くもり時どき雨」のちがいは？

予報《よほう》のことばの意味　予報《よほう》期間が24時間の場合の天気

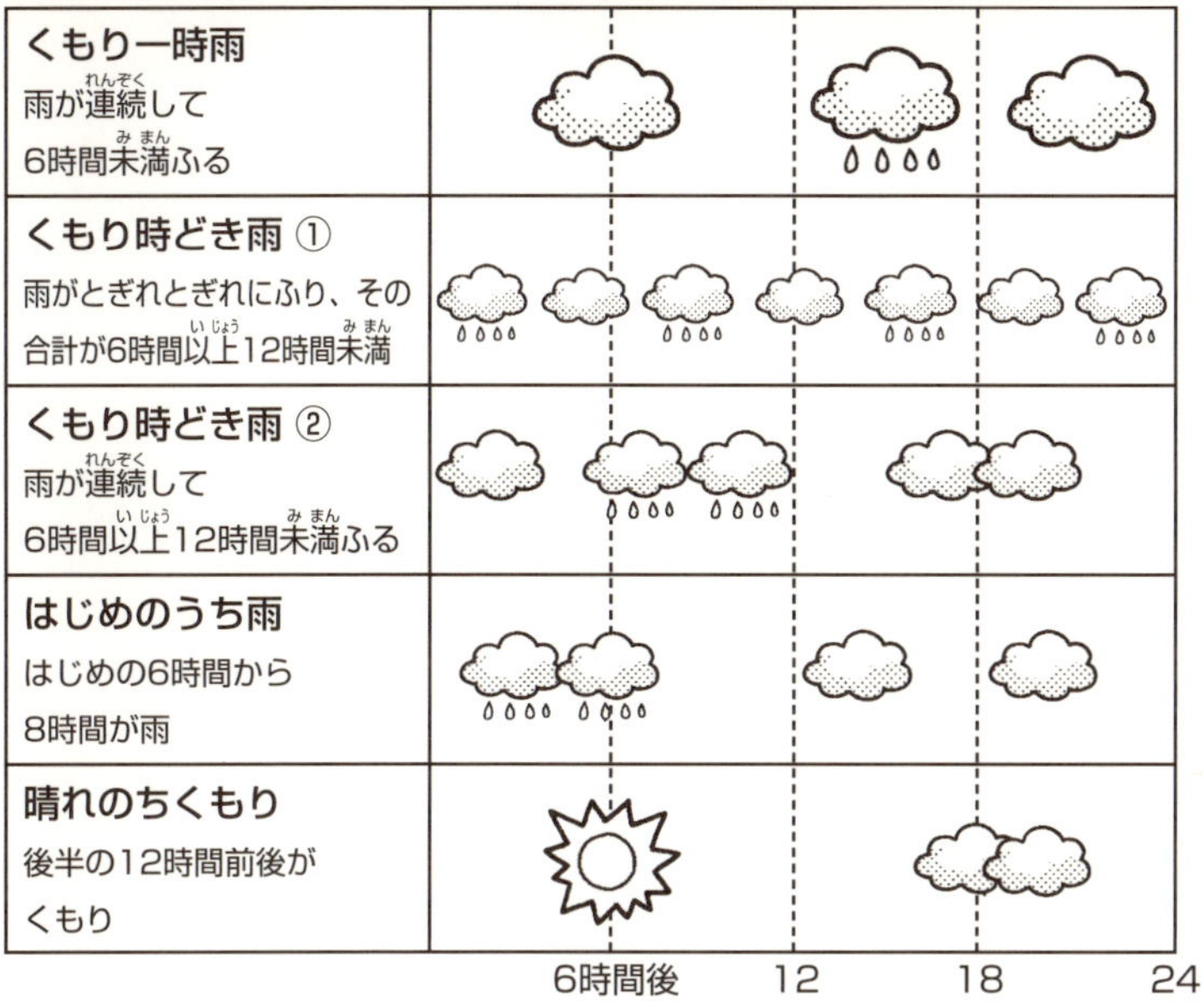

くもり一時雨
雨が連続《れんぞく》して
6時間未満《みまん》ふる
くもり時どき雨 ①
雨がとぎれとぎれにふり、その
合計が6時間以上《いじょう》12時間未満《みまん》
くもり時どき雨 ②
雨が連続《れんぞく》して
6時間以上《いじょう》12時間未満《みまん》ふる
はじめのうち雨
はじめの6時間から
8時間が雨
晴れのちくもり
後半の12時間前後が
くもり
6時間後
12
18
24

見出しにあげたふたつのことばの意味のちがいは、上の図の通り。「一時」や「のち」ということばにも、細かい意味がかくされている。

一時　現象《げんしょう》が連続《れんぞく》しておこり、その期間が、24時間とか1週間などという予報《よほう》期間の、4分の1未《み》満《まん》のとき。

時どき　現象《げんしょう》がとぎれとぎれにおこり、合計時間が予報《よほう》期間の4分の1以上《いじょう》、2分の1未満《みまん》のとき。または、現象《げんしょう》が連続《れんぞく》しておこり、その期間が予報《よほう》期間の4分の1以上《いじょう》、2分の1未満《みまん》のとき。

はじめのうち　予報《よほう》期間のはじめ4分の1から3分の1くらいをさす。

のち　予報《よほう》期間の前半と後半で現象《げんしょう》がことなるとき、その変化《へんか》を示《しめ》す。

国連《こくれん》は、日本の気象庁《きしょうちょう》が作成《さくせい》した「降水短時間予報《こうすいたんじかんよほう》」の図柄《ずがら》をデザインして、あるものをつくった。なにか？　**1** 旗《はた》　**2** 切手　**3** T《ティー》シャツ　（答えはつぎのページ）

天気予報《よほう》

「天気」と「天候《てんこう》」って、ちがうの？

天気予報《よほう》などでは、「天気」と「天候《てんこう》」では、ことなった意味をもたせて使っている。また「気《き》候《こう》」と「気象《きしょう》」にも、つぎのような意味がある。

天気　ある地域《ちいき》の、ある時刻《じこく》または2～3日くらいまでの時間帯《じかんたい》の気象《きしょう》（大気の状態《じょうたい》や大気中の現《げん》象《しょう》）のこと。気圧《きあつ》、気温、湿度《しつど》や「晴れ」「くもり」「雨」「雷《かみなり》」などの現象《げんしょう》がふくまれる。

例「この週末《しゅうまつ》の天気は、台風の接近《せっきん》で大荒《おおあ》れ」
「青森の天気は晴れ、東京の天気は雨」

天候《てんこう》　数日から数か月間くらいの気象《きしょう》をさす。

例「このごろの天候《てんこう》は雨ばかりで、じめじめしている」
「秋の天候《てんこう》はかわりやすい」

気候《きこう》　それぞれの地域《ちいき》で、数十年間をとおしてみた、大気の総合的《そうごうてき》な状態《じょうたい》のこと。

例「九州地方の気候《きこう》は温暖《おんだん》」

気象《きしょう》　気圧《きあつ》、気温、湿度《しつど》など大気の状態《じょうたい》と、大気中でおこる「晴れ」「くもり」「雨」「雷《かみなり》」などさまざまな現象《げんしょう》のことをさす。

例「みんなで気象観測《きしょうかんそく》をしよう！」
「空にはさまざまな気象現象《きしょうげんしょう》がみられる」

115ページの答え **2** 切手　1989年に発行された国連《こくれん》切手は、日本の降水短《こうすいたん》時間予報《じかんよほう》の図柄《ずがら》だ。1988年に気象庁《きしょうちょう》は世界で最初《さいしょ》にこの予報《よほう》をはじめた。

天気予報《よほう》

天気予報《よほう》のじょうずな使い方は?

天気予報《よほう》には、気象庁《きしょうちょう》がだしているものと民間《みんかん》の気象情報会社《きしょうじょうほうがいしゃ》などがだしているものがある。それらの天気予報《よほう》をもとに、新聞やラジオ・テレビなどは、それぞれにくふうをこらした天気予《よ》報《ほう》を人びとに伝《つた》えている。日常《にちじょう》生活に便利《べんり》なのは、テレビの各《かく》チャンネルが放送している天気予報《よほう》だ。洗濯指数《せんたくしすう》や紫外線情報《しがいせんじょうほう》、海水浴場《かいすいよくじょう》や山や行楽地の天気の情報《じょうほう》なども ある。

また、電話の「177番」で地元の天気予報《よほう》を聞くことができる。「市外局番＋177番」で日本中の天気予報《よほう》も聞けるので、遠くに出かけるときは便利《べんり》だ。

さらに、インターネット上には気象庁《きしょうちょう》や日本《にほん》気《き》象協会《しょうきょうかい》のホームページがあり、地上天気図や、気《き》象衛星《しょうえいせい》の画像《がぞう》、警報《けいほう》・注意報《ちゅういほう》などが公開《こうかい》されている。また、民間の気象情報会社《きしょうじょうほうがいしゃ》のホームページもたくさんある。

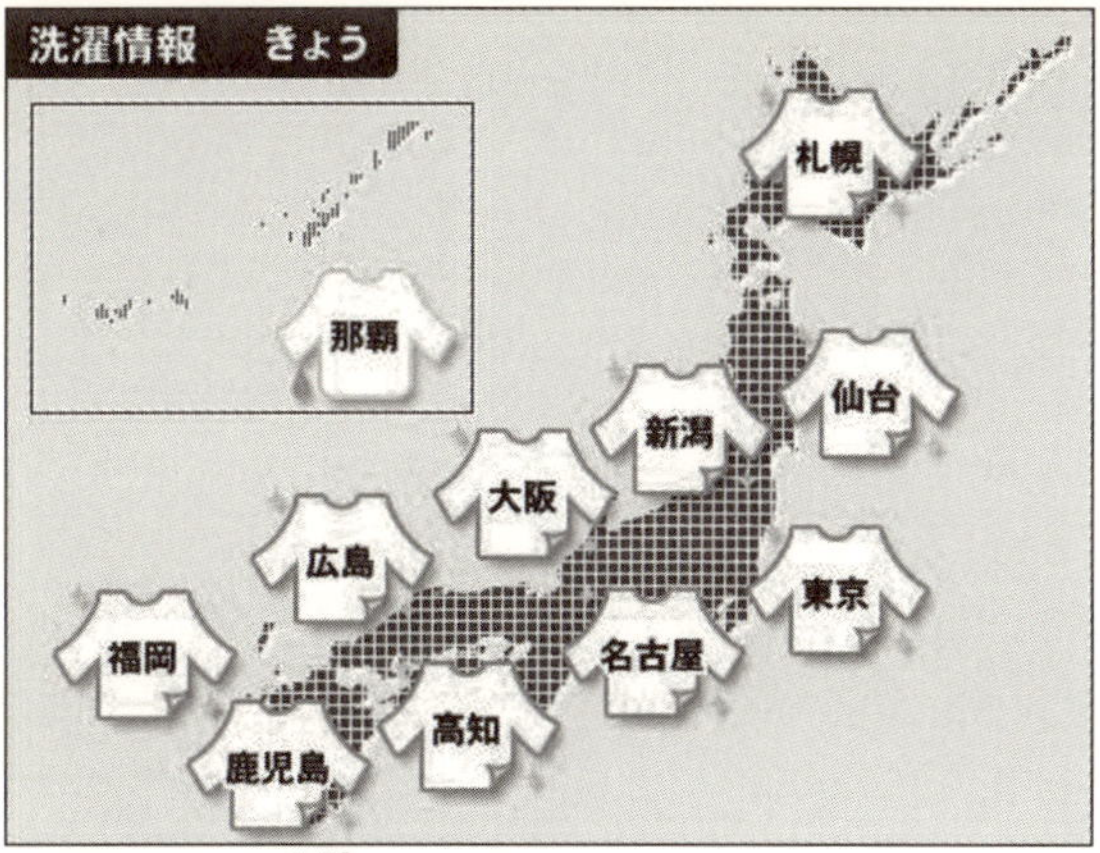

BIGLOBE天気予報《よほう》のホームページより。
シャツのイラストでわかる洗濯情報《せんたくじょうほう》もでている。

気象《きしょう》に関《かん》するおもなホームページ

○気象庁《きしょうちょう》　http://www.jma.go.jp/

○(財)日本気象協会《きしょうきょうかい》　http://www.jwa.or.jp

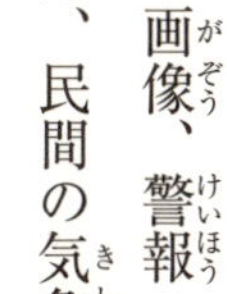

地球規模《きぼ》での気象観測事業《きしょうかんそくじぎょう》をおしすすめる、国連《こくれん》の専門機関《せんもんきかん》をなんという?

1 世界保健機関《ほけんきかん》　**2** 世界気象機関《きしょうきかん》　**3** 世界貿易機関《ぼうえききかん》　(答えはつぎのページ)

天気予《よ》報《ほう》 天気図はどうやってかくの？

ラジオの気象通報《きしょうつうほう》を聞いて、地上天気図をかいてみよう。ラジオの気象通報《きしょうつうほう》は、NHK第2放送で放送されている（下の表参照《さんしょう》）。天気図用紙は「ラジオ用天気図用紙第1号」と「第2号」があり、書店や登山用品店などにおいてある。

ラジオの気象通報《きしょうつうほう》の内容《ないよう》

◇各地《かくち》の天気

日本および、そのまわりの35の地点と富士山《ふじさん》の、風向《ふうこう》、風力《ふうりょく》、天気、気圧《きあつ》、気温などが放送されている。「石垣島《いしがきじま》では、北北東の風、風力《ふうりょく》3、天気晴れ、気圧《きあつ》1008ヘクトパスカル、気温21度」のようなぐあいで、はじまる。

◇船舶《せんぱく》および海洋ブイの報告《ほうこく》

海上を航行《こうこう》する船からの報告《ほうこく》などで、「本州南

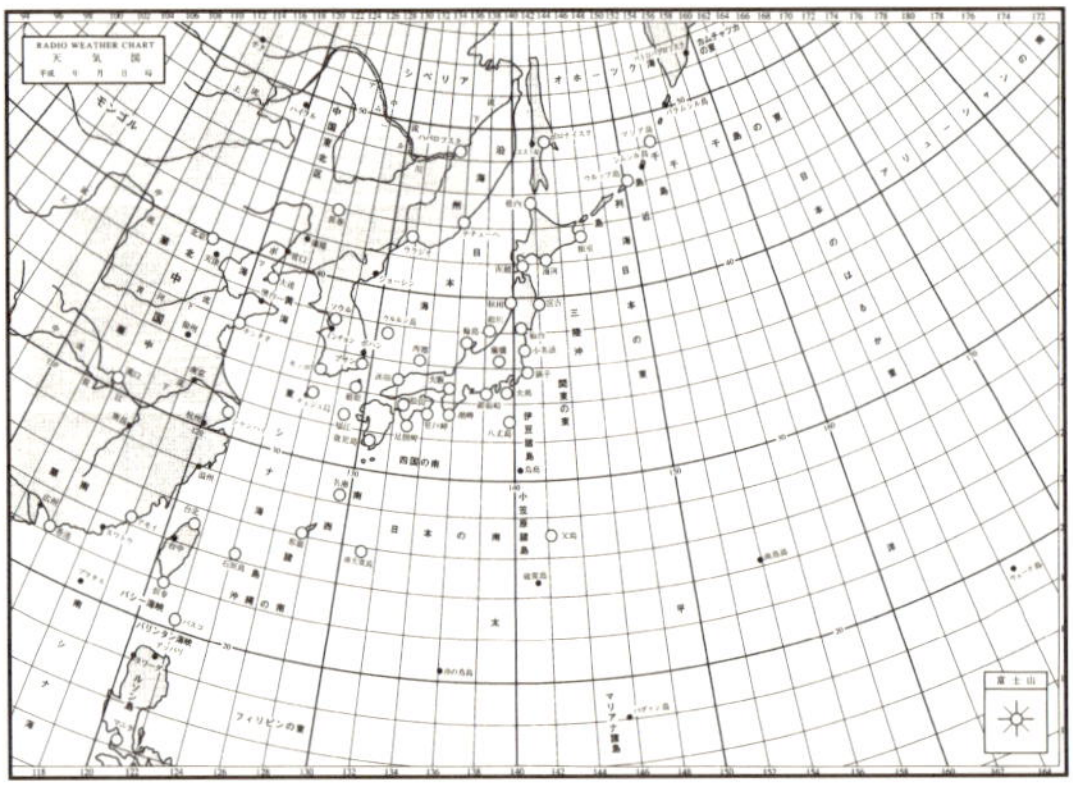

「ラジオ用天気図用紙第2号」

直接《ちょくせつ》、天気図に記号をかきこむタイプのもの。手《て》間《ま》が一度ですむ。「ラジオ用天気図用紙第1号」は120ページ参照《さんしょう》。

ラジオの気象通報《きしょうつうほう》

放送時間	内容《ないよう》
午前9時10分～9時30分	午前6時の気象《きしょう》
午後4時00分～4時20分	正午の気象《きしょう》
午後10時00分～10時20分	午後6時の気象《きしょう》

117ページの答え **2** 世界気象機関《きしょうきかん》（WMO《ダブリューエムオー》） 1951年に発足《ほっそく》し、世界で180以上《いじょう》の国や地域《ちいき》が加盟《かめい》している。もちろん、日本も加盟《かめい》しておるぞ。

方の北緯《ほくい》○度、東経《とうけい》○度では」のように位置《いち》を告《つ》げてから、風向《ふうこう》、風力《ふうりょく》、天気、気圧《きあつ》が放送される。

◇漁業気象《ぎょぎょうきしょう》

高気圧《こうきあつ》、低気圧《ていきあつ》、前線《ぜんせん》などの位置《いち》や進行方向、速度が放送される。また、天気図がかきやすいように、代表的《だいひょうてき》な等圧線《とうあつせん》の位置《いち》などが緯度《いど》と経度《けいど》でよみあげられる。以上《いじょう》で20分間の放送《ほうそう》が終わる。

天気図の記入のしかた

◇「各地《かくち》の天気」

天気図用紙の各《かく》地点の○（地点円《ちてんえん》）に、風向《ふうこう》、風力《ふうりょく》、天気、気圧《きあつ》、気温を下の例《れい》のようにかきこむ。天気の記号は、日本でつくられた日本式の天気記号（下の図）を使う。このように天気記号は21種類《しゅるい》ある。

◇船舶《せんぱく》および海洋ブイの報告《ほうこく》

船舶《せんぱく》の位置《いち》は、緯度《いど》と経度《けいど》で示《しめ》された地点に自分で○をかき、そこに、「各地《かくち》の天気」と同じよ

高気圧《こうきあつ》・低気圧《ていきあつ》・台風の記号

種類《しゅるい》	記号《きごう》
高気圧《こうきあつ》	高、H（色鉛筆《いろえんぴつ》のときは左の記号を青でかく）
低気圧《ていきあつ》	低、L（ 〃 赤でかく）
熱帯低気圧《ねったいていきあつ》	熱低、TD（ 〃 赤でかく）
台風	台5号、T5（ 〃 赤でかく）

「各地《かくち》の天気」の記入例《きにゅうれい》

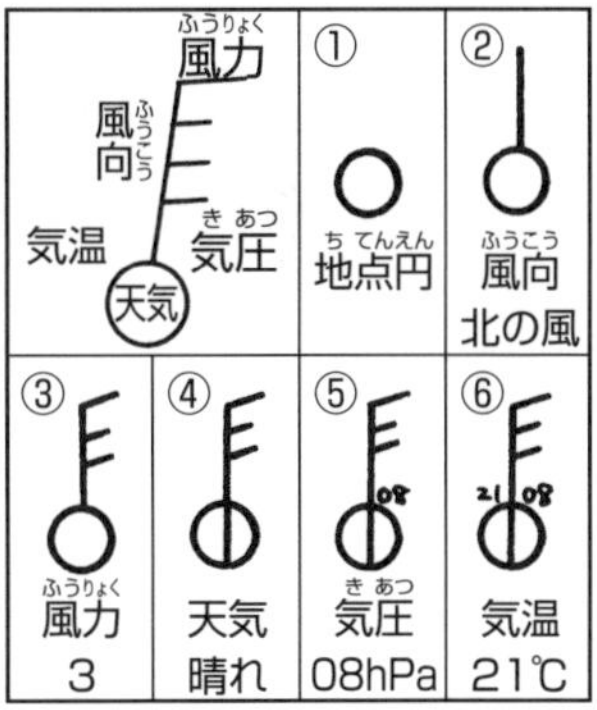

▶天気図用紙の各地点に、番号順に右のようにかきこむ。

天気の種類《しゅるい》と日本式の天気記号

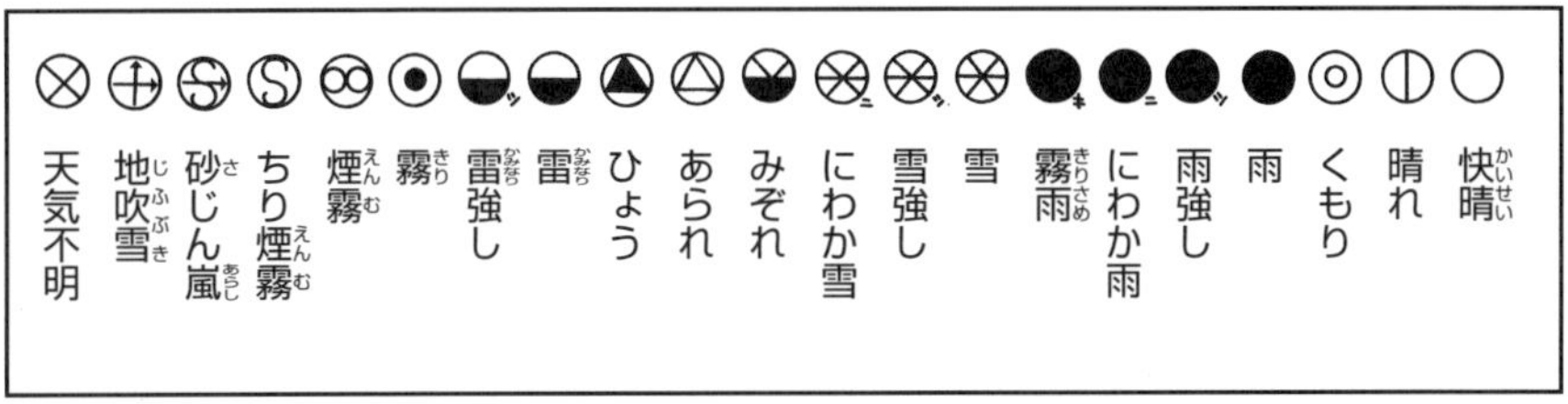

日本式の天気記号は21種類《しゅるい》あるが、国際式《こくさいしき》の天気記号は何種類《しゅるい》あるか？

1 53種類《しゅるい》 **2** 100種類《しゅるい》 **3** 141種類《しゅるい》 （答えはつぎのページ）

うに記号をかきいれていく。

◇漁業気象《ぎょぎょうきしょう》

高気圧《こうきあつ》や低気圧《ていきあつ》の位置《いち》を天気図上でさがして×をつけ、下の表のような記号を使って前線《ぜんせん》などもふくめてかきこむ。中心気圧《きあつ》や進行方向も記入。

◇等圧線《とうあつせん》をひく

自分で考えながら等圧線《とうあつせん》をひく。等圧線《とうあつせん》は2または4ヘクトパスカルごとにひく。日本付近《ふきん》のデータの多いところからはじめるとよい。2地点間の気圧《きあつ》の差《さ》を見ながら、そこに何本の等圧線《とうあつせん》がどういう間隔《かんかく》で通るか、配分《はいぶん》を考えながらひいていく。

◇天気図の見直しと天気の予想

天気図が完成《かんせい》したら、同じ日の新聞の天気図などとくらべてみよう。大きくちがうところがあったら修正《しゅうせい》して、なぜまちがったか確認《かくにん》しておく。また、前の時間の天気図を何枚《なんまい》かならべて、過去《かこ》の天気の変化《へんか》をしらべ、先の天気を予想してみる。

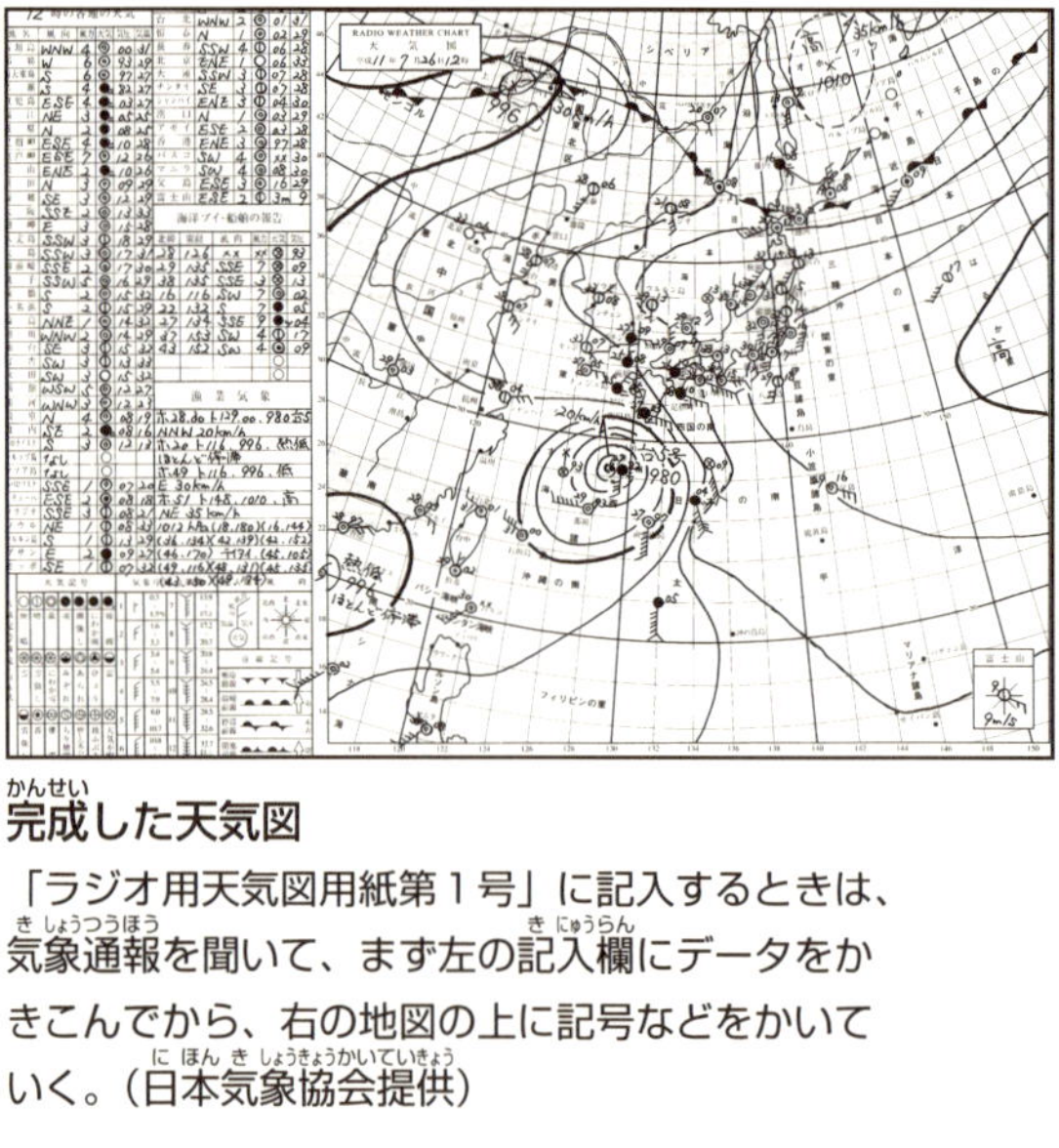

完成《かんせい》した天気図

「ラジオ用天気図用紙第１号」に記入するときは、気象通報《きしょうつうほう》を聞いて、まず左の記入欄《きにゅうらん》にデータをかきこんでから、右の地図の上に記号などをかいていく。（日本気象協会提供《にほんきしょうきょうかいていきょう》）

前線《ぜんせん》の記号

種類《しゅるい》	記号（色鉛筆《いろえんぴつ》のとき）
温暖前線《おんだんぜんせん》	 （赤線）
寒冷前線《かんれいぜんせん》	 （青線）
閉塞前線《へいそくぜんせん》	 （紫《むらさき》色の線）
停滞前線《ていたいぜんせん》	 （赤と青、交互《こうご》の線）

119ページの答え **2** 100種類《しゅるい》　世界気象機関《きしょうきかん》が定めた国際式《こくさいしき》の天気記号では、「雨あった」など過去《かこ》の天気の内容《ないよう》を示《しめ》す記号もある。

天気予報《よほう》

気象予報士《きしょうよほうし》になるには、どうするの？

気象予報士《きしょうよほうし》の制度《せいど》は１９９４年にはじまった。それまで、天気予報《よほう》は国の機関《きかん》である気象庁《きしょうちょう》の予《よ》報官《ほうかん》がおこなっていたが、一般《いっぱん》の人が「気象予報《きしょうよほう》士《し》」の資格《しかく》をとって、天気予報《よほう》をだせるようになった。つまり、気象庁《きしょうちょう》から提供《ていきょう》される予報《よほう》を、民間むけにくわしくわかりやすく解説《かいせつ》する仕事だ。テレビなどで、気象予報士《きしょうよほうし》が活躍《かつやく》しているのを目にするが、ちょっとかっこいい仕事だ。そして、とてもたいせつな仕事だ。いいかげんな天気予報《よほう》をだすと、多くの人がめいわくするからだ。

　というわけで、気象予報士《きしょうよほうし》になるためには、むずかしい国家試験《こっかしけん》がある。でも、この試験《しけん》のいいところは、年齢《ねんれい》や経験《けいけん》に関係《かんけい》なく、だれでも受けられること。試験《しけん》は年に2回、札幌《さっぽろ》、仙台《せんだい》、東京、大阪《おおさか》、福岡《ふくおか》、那覇《なは》でおこなわれている。合格率《ごうかくりつ》は6.7パーセント。２００４年3月現在《げんざい》、気象予報士《きしょうよほうし》の数は４７７７人だ。ちなみに、最年少《さいねんしょう》の合格者《ごうかくしゃ》は14歳《さい》の中学2年生。きみも挑戦《ちょうせん》してみよう。

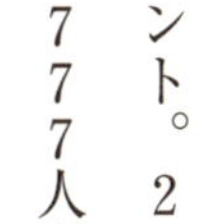

クイズはこれでおしまい。
天気や気象《きしょう》は、知れば知るほど興味《きょうみ》がわいてくるじゃろう。

もっと知りたい!

オゾンホールって、なに?

地球上で人間は、より便利《べんり》で快適《かいてき》なくらしを求《もと》めてきたが、そうした人間のいとなみが、かけがえのない地球の環境《かんきょう》を大きくかえようとしている。そのひとつがオゾン層《そう》の破壊《はかい》だ。

地上から10~50キロメートルの高さに、オゾンという気体《きたい》の濃度《のうど》の高い層《そう》があり、これを「オゾン層《そう》」とよんでいる。オゾン層《そう》は、地球上の生物を有害《ゆうがい》な紫外線《しがいせん》から守るたいせつな役目をしている。

ところが、このオゾン層《そう》が、人間が使用するフロンガスという気体《きたい》によって破壊《はかい》されつつあるのだ。フロンガスは、冷蔵庫《れいぞうこ》やカーエアコンの冷媒《れいばい》(冷《ひ》やすための物質《ぶっしつ》)やスプレーの噴射《ふんしゃ》剤《ざい》、工場での洗浄剤《せんじょうざい》などとして使われていた。

南極《なんきょく》の上空では、9月から11月ごろオゾンの量《りょう》が大きくへるところがあり、オゾン層《そう》に穴《あな》(ホール)があいたような状態《じょうたい》になる。これが「オゾンホール」だ。

オゾン層《そう》が破壊《はかい》されると、紫外線《しがいせん》の影響《えいきょう》を人体に直接《ちょくせつ》うけて皮膚《ひふ》がんがふえたり、地球の生《せい》態系《たいけい》にわるい影響《えいきょう》がでることや、収穫量《しゅうかくりょう》の減少《げんしょう》など農業への影響《えいきょう》も心配されている。

●オゾン層《そう》を守れ!

オゾンホールは１９７０年代の末《すえ》ごろにあらわれはじめ、その後、どんどん大きくなっていった。世界の国ぐにには、たいせつなオゾン層《そう》を守るために「オゾン層保護《そうほご》のためのウィーン条《じょう》約《やく》」(１９８５年)や「オゾン層《そう》を破壊《はかい》する物質《ぶっしつ》に関《かん》するモントリオール議定書《ぎていしょ》」（１９８７年）をとりきめ、フロンガスを規制《きせい》しはじめた。

　そして、先進国ではフロンの生産《せいさん》と消費《しょうひ》をすべてやめて、フロンの代わりの「代替《だいたい》フロン」を使うようになった。

　しかし、代替《だいたい》フロンもオゾン層《そう》を破壊《はかい》することがわかり、さらに規制《きせい》の強化がはかられた。

　大気中に放出《ほうしゅつ》されたフロンはオゾン層《そう》を破壊《はかい》するまでに数十年を要《よう》するという。

　そのため、オゾン層《そう》の破壊《はかい》は２０２０年ごろまでつづくとみられている。

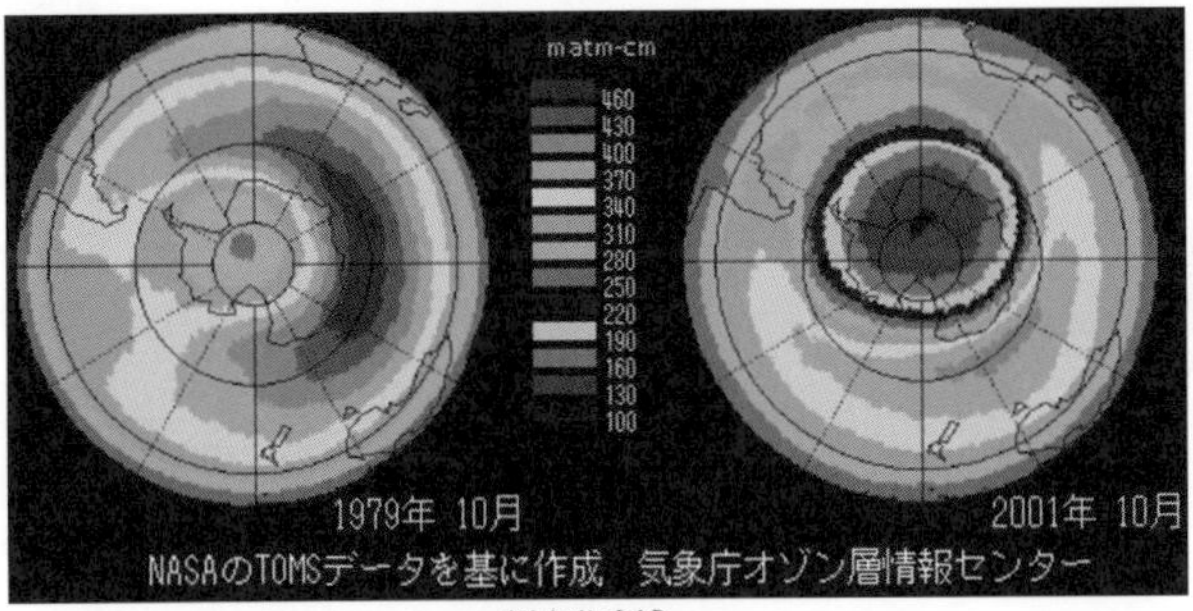

1979年(左)と2001年の南極上空《なんきょくじょうくう》のオゾンホール。1979年、オゾンホールはほとんどみられないが、2001年のオゾンホールは南極大陸《なんきょくたいりく》より大きくなっている。図の中心の直径《ちょっけい》13㎜くらいのところ（気象庁《きしょうちょう》のホームページより）

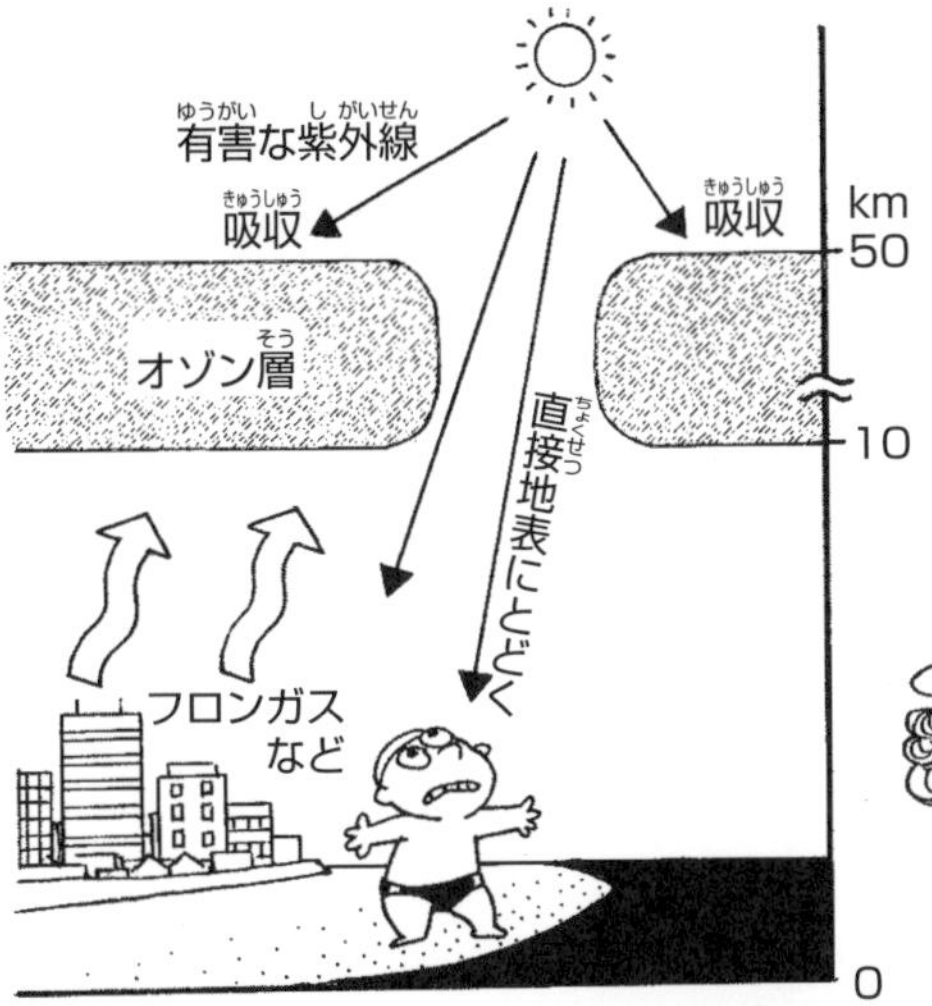

もっと知りたい!

酸《さん》性《せい》雨《う》って、なぜふるの？

オゾンホールと同じように、酸性雨《さんせいう》も人間の活動がもととなっておこる地球の環境破壊《かんきょうはかい》のひとつだ。酸性雨《さんせいう》で大きな被害《ひがい》をうけた欧米《おうべい》では、緑の森を枯《か》らすこの雨を、おそろしい病気にたとえて「緑のペスト」とよんでいる。

「酸性雨《さんせいう》」とは、雨水の酸性度《さんせいど》をしめすpH《ピーエイチ》が、5.6以下《いか》の強い酸性《さんせい》の雨のこと。pH《ピーエイチ》という単位《たんい》は７が中性《ちゅうせい》で、７より小さいと酸性《さんせい》、大きいとアルカリ性《せい》になる。数字が小さいほど、酸性度《さんせいど》が強い。

酸性雨《さんせいう》は１９５０年代に北ヨーロッパで問題になりはじめた。その後、この雨は北アメリカの北部やヨーロッパ全土など広い地域《ちいき》に拡大《かくだい》し、水や土が酸性化《さんせいか》して、湖や沼《ぬま》に生物がすめなくなったり、森が全滅《ぜんめつ》したりする被害《ひがい》が各地《かくち》でおきた。また、酸性雨《さんせいう》は金属《きんぞく》やコンクリートをとかすので、古い銅像《どうぞう》や建物《たてもの》など貴重《きちょう》な文化遺産《ぶんかいさん》が被害《ひがい》をこうむっている。

酸性雨《さんせいう》の原因《げんいん》は、石炭《せきたん》や石油といった化石燃《かせきねん》料《りょう》などを燃《も》やしたときにでる硫黄酸化物《いおうさんかぶつ》や窒素《ちっそ》酸化物《さんかぶつ》で、火力発電所や工場、自動車などから排出《はいしゅつ》される。これらは、大気中で化学変化《かがくへんか》をおこして硫酸《りゅうさん》や硝酸《しょうさん》の微粒子《びりゅうし》にかわり、雨のなかにとけこんで地表にふりそそぐ。

●日本でも強い酸性《さんせい》の雨

１９６０年代ごろから、日本でも酸性雨《さんせいう》がとりあげられるようになった。現在《げんざい》、各地《かくち》で欧米《おうべい》なみの強い酸性《さんせい》の雨が観測《かんそく》されているが、今のところ欧米《おうべい》のような大きな被害《ひがい》はでていない。これは、日本の土壌《どじょう》がアルカリ性《せい》で中和作用《ちゅうわさよう》がはたらいているためと考えられ、その作用がなくなったとき、被害《ひがい》が一気にあらわれるという予測《よそく》もある。

日本では、排煙《はいえん》や排気《はいき》ガスから汚染物質《おせんぶっしつ》をとりのぞく装置《そうち》の導入《どうにゅう》など、対策《たいさく》がじょじょにすすんでいる。しかし、ユーラシア大陸《たいりく》から気流《きりゅう》にのって汚染物質《おせんぶっしつ》が流されてきて、日本に酸性《さんせい》雨《う》をふらせることがあり、地球規模《きぼ》でのとりくみが課題《かだい》となっている。

立ち枯《が》れの森（上）と
酸性化《さんせいか》した湖

酸性雨《さんせいう》をしらべよう

1　雨水採集用《さいしゅうよう》のコップは地面からはなすか、ビニールシートの中央におく。

2　パックテスト*についている容器《ようき》にピンで穴《あな》をあけ、指で強くつまんで、なかの空気をだす。穴《あな》からコップの雨水をすいこませる。チューブの水の色を、パックテストについている見本の色と見くらべて、pH《ピーエイチ》を求《もと》める。

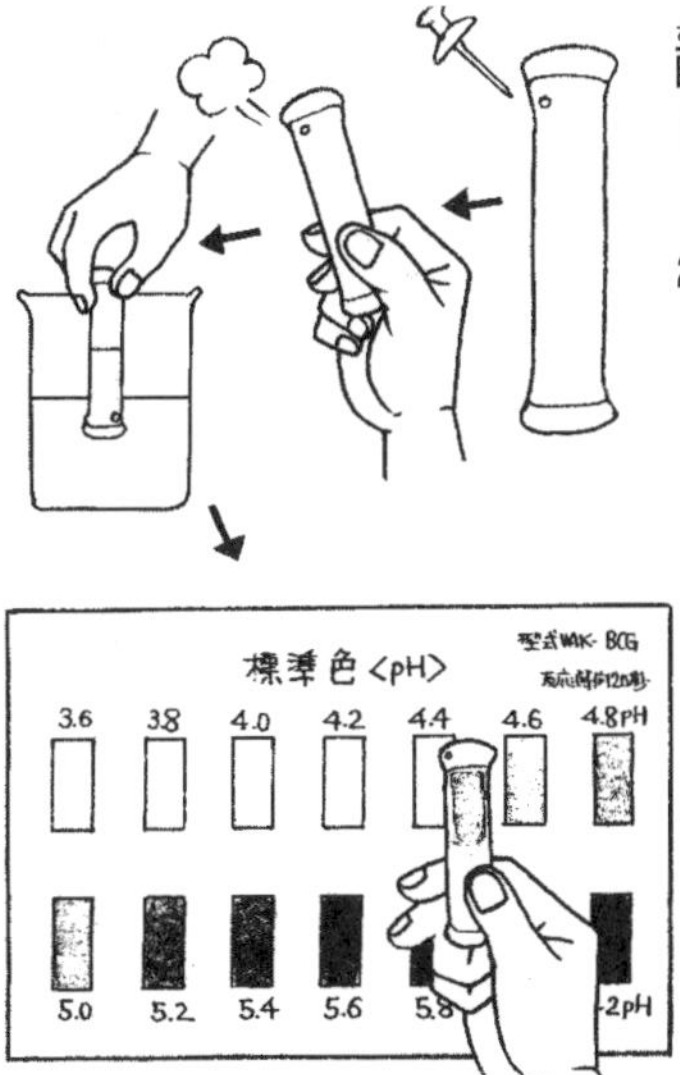

＊酸性雨測定《さんせいうそくてい》パックテストは『水質測定《すいしつそくてい》パックテスト酸性雨測定《さんせいうそくてい》5本入り』（合同出版《ごうどうしゅっぱん》）などという本の形で売られている。

もっと知りたい！

地球が温暖化《おんだんか》してるって、ほんとう？

地球の気候《きこう》が暖《あたた》かくなっていくことが「地球温暖化《おんだんか》」だ。じっさいに、地球の平均《へいきん》地上気温は20世紀《せいき》の100年間で0.6度も上昇《じょうしょう》した。これにも、人間の活動が深くかかわっている。

地球温暖化《おんだんか》のもっとも大きな原因《げんいん》は、二酸化《にさんか》炭素《たんそ》などの気体《きたい》にある。二酸化炭素《にさんかたんそ》は、石炭《せきたん》や石油といった化石燃料《かせきねんりょう》などを燃《も》やしたときに発生する。18世紀《せいき》の後半にヨーロッパで機械《きかい》を使った大きな工場がつぎつぎにつくられ、石炭《せきたん》を大量《たいりょう》に使うようになって以来《いらい》、二酸化炭素《にさんかたんそ》の排《はい》出量《しゅつりょう》はふえつづけてきた。そのいっぽうで、二《に》酸化炭素《さんかたんそ》を吸収《きゅうしゅう》する森林は伐採《ばっさい》によってどんどんへっている。こうしたことから、現在《げんざい》の大気中の二酸化炭素濃度《にさんかたんそのうど》は、18世紀《せいき》前半にくらべると、31パーセントも上昇《じょうしょう》した。

●温暖化《おんだんか》がおこるしくみ

地球は太陽から熱《ねつ》をうけとり、地表の熱《ねつ》はおもに赤外線《せきがいせん》として宇宙空間《うちゅうくうかん》に放射《ほうしゃ》（放《はな》つこと）している。このやりとりだけだと、地球の平均《へいきん》気温はマイナス18度くらいになる。大気中にある二酸化炭素《にさんかたんそ》や水蒸気《すいじょうき》、メタン、一酸化二窒素《いっさんかにちっそ》などは、この赤外線《せきがいせん》の一部を吸収《きゅうしゅう》したり、ふたたび地上へ放射《ほうしゃ》したりして、地球を暖《あたた》めている。温室《おんしつ》のように熱《ねつ》を外へにがさないはたらきをすることから、このような現象《げんしょう》を「温室効果《おんしつこうか》」という。それをもたらす気体《きたい》（ガス）は「温室効果《おんしつこうか》ガス」だ。温室効果《おんしつこうか》ガスは必要《ひつよう》だが、ふえすぎて大きな問題になっているのだ。

100年後には、地球の平均《へいきん》地上気温は1.4~5.8度上昇《じょうしょう》するという予測《よそく》がある。そうなると、南極《なんきょく》や北極《ほっきょく》の氷河《ひょうが》がとけて、海面が9~88センチメートル上がるともされる。海面は、過去《かこ》100年間ですでに10~20センチ上昇《じょうしょう》しているのだ。モルディブ諸島《しょとう》など、珊瑚礁《さんごしょう》でできた平らな島じまでは、平均海抜《へいきんかいばつ》が1メートルというような島もあり、水没《すいぼつ》の危機《きき》がせまっている。

温室効果《おんしつこうか》がおこるしくみ

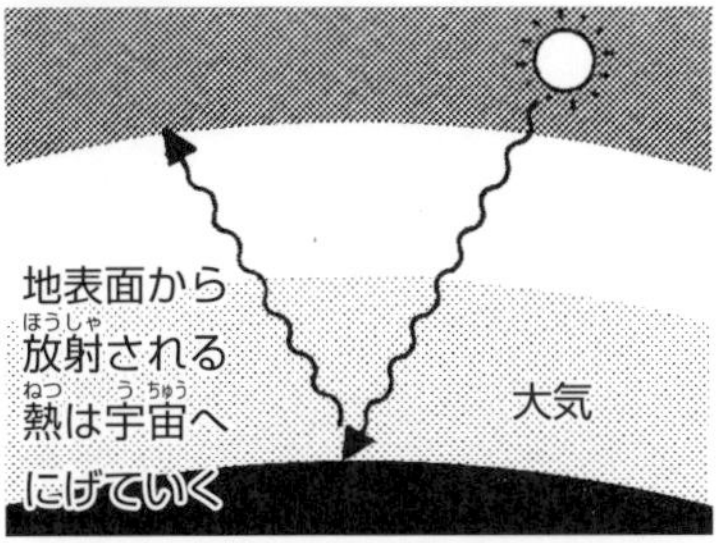

だれにもできる温暖化防止《おんだんかぼうし》への小さな一歩

製品《せいひん》をつくるのにも電気や化石燃料《かせきねんりょう》を使う。物や資源《しげん》をたいせつにし、ごみをへらそう。

自動車はガソリンを燃《も》やして走るので、近くに行くときは徒歩《とほ》や自転車にしよう。

二酸化炭素《にさんかたんそ》を吸収《きゅうしゅう》する緑をふやし、森林をたいせつにしよう。

火力発電所も化石燃料《かせきねんりょう》を燃《も》やして発電している。節電《せつでん》をこころがけよう。

もっと知りたい！

エルニーニョ現象《げんしょう》って、なに？

人間の活動だけでなく、自然《しぜん》そのものも気象《きしょう》に大きな影響《えいきょう》をおよぼす。太平洋《たいへいよう》東部の赤道《せきどう》のあたりで海面水温が上がる「エルニーニョ現象《げんしょう》」は、異常気象《いじょうきしょう》の原因《げんいん》とみられている。

エルニーニョ現象《げんしょう》は、南アメリカのペルー沖《おき》から太平洋《たいへいよう》東部の赤道域《せきどういき》にかけて、何年かおきに海面水温が目立って上昇《じょうしょう》し、１年以上《いじょう》つづく現象《げんしょう》だ。気象庁《きしょうちょう》では「６か月以上連続《いじょうれんぞく》して、0.5度以上《いじょう》、上昇《じょうしょう》するとき」をエルニーニョ現象《げんしょう》としている。その原因《げんいん》は、赤道付近《せきどうふきん》の水温の高い区域《くいき》が、ふつうの年より東側《ひがしがわ》に広がるためだ。

「エルニーニョ」とは、スペイン語で「男の子」とか「神の子（キリスト）」という意味。ペルー沿岸《えんがん》で毎年、クリスマスごろ暖流《だんりゅう》が流れこんで水温が上昇《じょうしょう》する現象《げんしょう》を、この名でよぶことからきている。

これとは反対に、同じ赤道域《せきどういき》の海面水温が低《ひく》くなることもあり、これを「ラニーニャ現象《げんしょう》」とよぶ。「ラニーニャ」は「女の子」という意味で、１９８５年にアメリカの学者によって名づけられた。

●大雨や干《かん》ばつ、洪水《こうずい》などが多発

地球表面の７割《わり》をしめる海は、大気に熱《ねつ》や水《すい》蒸気《じょうき》を供給《きょうきゅう》するなど、気象《きしょう》と深くかかわっている。そのため、海面水温のいちじるしい変動《へんどう》は、世界各地《かくち》に大雨や干《かん》ばつなどの異常気象《いじょうきしょう》をひきおこすとみられている。とくに１９９７年から翌年《よくとし》にかけてのエルニーニョ現象《げんしょう》は、過去最大《かこさいだい》規模《きぼ》のもので、下の図のような世界規模《きぼ》の異常《いじょう》気象《きしょう》の原因《げんいん》になったとされる。日本でも太平洋《たいへいよう》側《がわ》で平年《へいねん》の2倍の雨がふり、西日本で記録的《きろくてき》な暖冬《だんとう》となった。日本の場合、この現象《げんしょう》が発生すると、夏は冷夏《れいか》となり台風が少なく、冬は暖冬《だんとう》になる傾向《けいこう》があるといわれる。

１９９８年夏には、エルニーニョ現象《げんしょう》が終わって、ラニーニャ現象《げんしょう》がはじまり、バングラデシュでは20世紀最大《せいきさいだい》の洪水《こうずい》にみまわれた。

エルニーニョ現象《げんしょう》の発生のしくみ

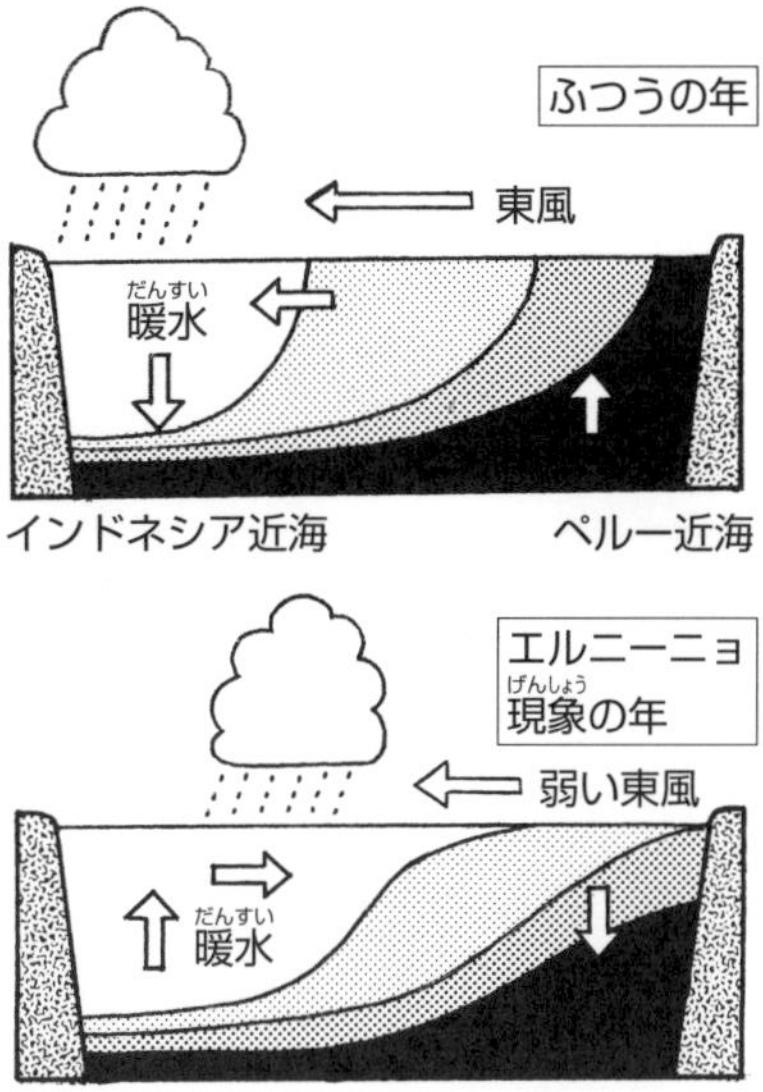

ふつうの年は東風によって、水温の高い暖水《だんすい》がインドネシア近海に集まり、そこで雲が発生して雨がふる。エルニーニョ現象《げんしょう》の年は東風が弱まり、暖水《だんすい》が東側《ひがしがわ》にも広がる。

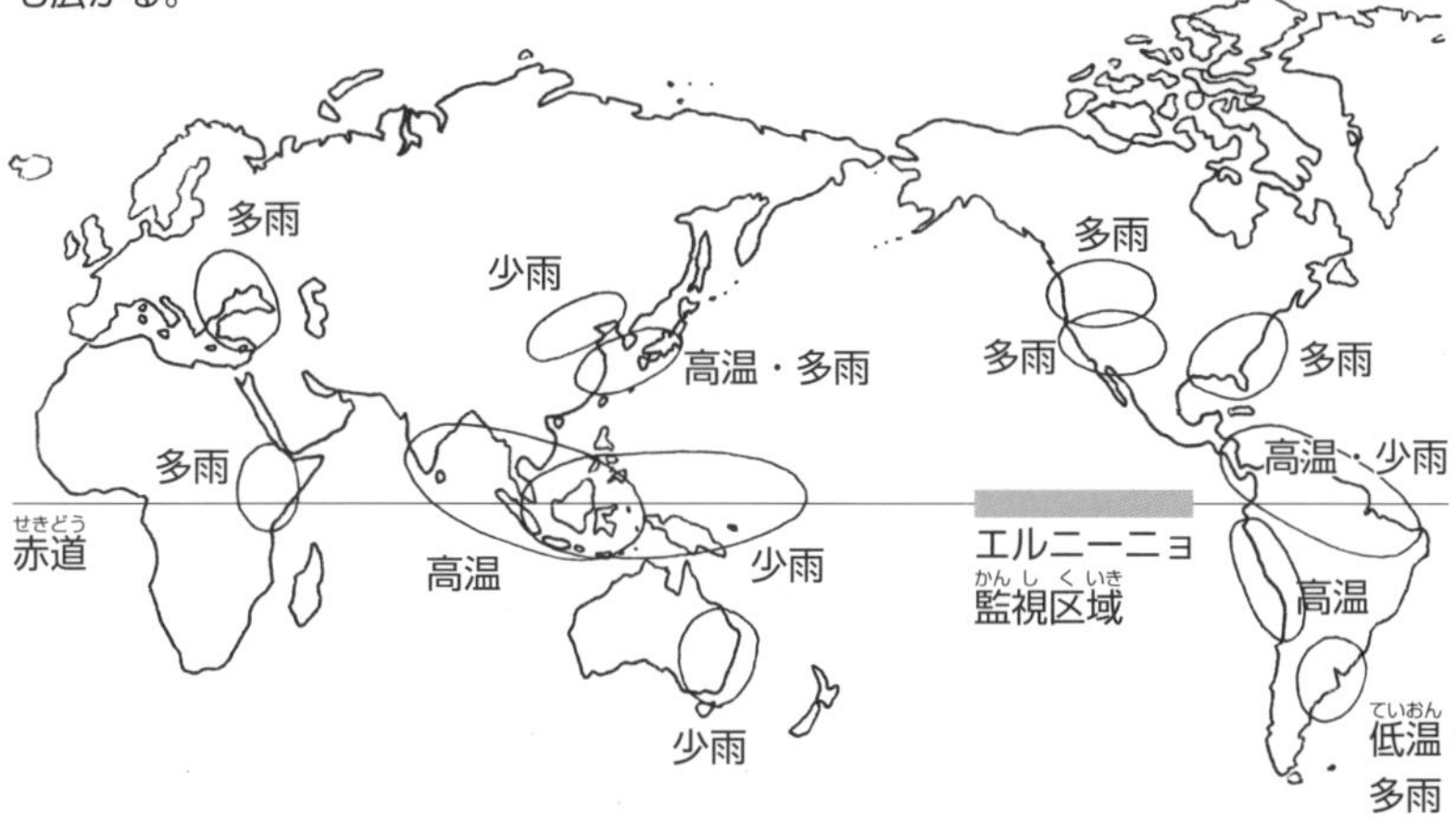

1997年から1998年にかけて世界各地《かくち》でおこった異常気象《いじょうきしょう》（気象庁提供《きしょうちょうていきょう》）

もっと知りたい!

火山の噴火《ふんか》と気象《きしょう》の関係《かんけい》

火山が大爆発《だいばくはつ》すると、噴火《ふんか》による直接《ちょくせつ》の被害《ひがい》だけでなく、その噴出物《ふんしゅつぶつ》によって気候《きこう》が変化《へんか》することもある。気温が下がり、冷害《れいがい》がおこるなど人間のくらしにもかかわってくる。

火山が噴火《ふんか》すると、なぜ、気温が下がるのだろうか? そのしくみは、つぎのようなものだ。

火山の大噴火《だいふんか》があると、火山灰《かざんばい》や亜硫酸《ありゅうさん》ガスなどが成層圏《せいそうけん》（地上10～50キロメートルの間）にふきあげられ、硫酸塩《りゅうさんえん》などの微粒子《びりゅうし》がそこをただよう。この微粒子《びりゅうし》は「エアロゾル」とよばれ、1か月ほどで地球を1周《しゅう》して地球全体をおおい、2～3年も成層圏《せいそうけん》にとどまることがある。

この成層圏《せいそうけん》をただようエアロゾルが、太陽の光（日射《にっしゃ》）をさえぎり、対流圏《たいりゅうけん》（地上10キロまで）や地表で気温が下がる。エアロゾルが地球に日傘《ひがさ》をさしたような効果《こうか》をおよぼすことから、これを「日傘効果《ひがさこうか》」とよんでいる。

●江戸《えど》時代の浅間山《あさまやま》の大噴火《だいふんか》

ちょっと古い話だが、江戸《えど》時代の１７８３（天明《てんめい》３）年の浅間山《あさまやま》の大噴火《だいふんか》では、高さ1キロにもおよぶ火煙《かえん》が上がった。成層圏《せいそうけん》に達《たっ》した火《か》山灰《ざんばい》によって日射量《にっしゃりょう》がへり、冷害《れいがい》がおこった。作物が実らず、多くの人びとが飢《う》え死にする「天明《てんめい》の大ききん」となった。

この噴火《ふんか》は、北半球全体に冷害《れいがい》などの影響《えいきょう》をおよぼした。また、意外なところでも影響《えいきょう》があらわれた。ロンドンでは、この噴火《ふんか》によって、きれいな朝焼《あさや》け・夕焼《ゆうや》けが見られたという。大気中のエアロゾルに、太陽光線が乱反射《らんはんしゃ》すると、赤や紫《むらさき》の美しい朝焼《あさや》け・夕焼《ゆうや》けとなるのだ。

1991年のフィリピンのピナツボ山の噴火《ふんか》では、噴煙《ふんえん》の高さは上空30キロにまで達《たっ》した。この噴火《ふんか》の影響《えいきょう》で、翌年《よくとし》の世界の年平均《ねんへいきん》地上気温は0.4度下がった。ちなみに、この時は日本でもあざやかな朝焼《あさや》け・夕焼《ゆうや》けが観測《かんそく》された。

浅間山《あさまやま》の噴火《ふんか》のようす

成層圏《せいそうけん》に広がるエアロゾル

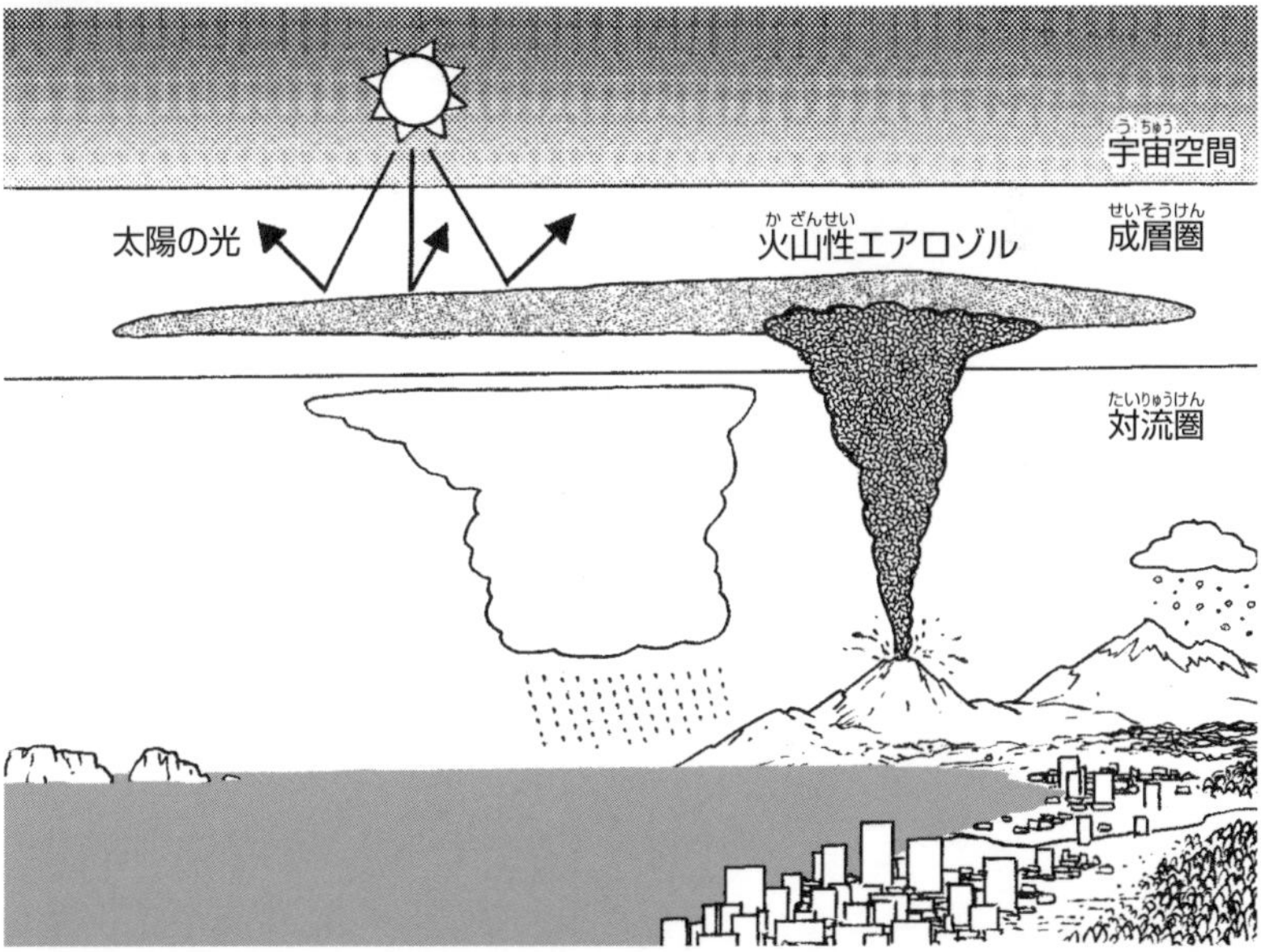

もっと知りたい!

覚《おぼ》えておこう 気象《きしょう》のことば

ここでは、テレビやラジオの天気予報《よほう》などで、よく使われることばをとりあげた。知らないことばがあったら、よく読んで、正しい意味をしらべておこう。

異常気象《いじょうきしょう》　気温や降水量《こうすいりょう》など気象《きしょう》の要素《ようそ》が、過《か》去《こ》30年間に観測《かんそく》されなかったほど、平年値《へいねんち》より大きくずれた状態《じょうたい》のことをいう。

風の息《いき》　地表付近《ふきん》の風は、建物《たてもの》や樹木《じゅもく》などの影《えい》響《きょう》で、数秒から数十秒の周期《しゅうき》でたえず強くなったり、弱くなったりしている。これを「風の息《いき》」という。

寒《かん》のもどり　春になって気温が上がる時期に、急に寒さがぶりかえすことで、「早春寒波《そうしゅんかんぱ》」ともいう。

寒波《かんぱ》　ひじょうに気温の低《ひく》い寒気団《かんきだん》が、広い範《はん》囲《い》に流れだして、ある地域《ちいき》で気温が急激《きゅうげき》に下がる現象《げんしょう》。

気圧《きあつ》の尾根《おね》　となりあうふたつ以上《いじょう》の高気圧《こうきあつ》の、中心を結《むす》んだ領域《りょういき》のことをいう。

気圧《きあつ》の谷《たに》　ほぼ南北にならんでいるふたつ以上《いじょう》の低気圧《ていきあつ》の、中心を結《むす》んだ領域《りょういき》のことをいう。

光化学《こうかがく》スモッグ　風が弱く、晴れた暑い日に発生しやすい大気汚染現象《たいきおせんげんしょう》。排気《はいき》ガスなどにふくまれる窒素酸化物《ちっそさんかぶつ》と炭化水素《たんかすいそ》が太陽の紫外線《しがいせん》に反応《はんのう》して、オキシダント（さまざまな酸化物《さんかぶつ》の総称《そうしょう》）が

つくられる。これにより、目やのどの痛《いた》み、息《いき》苦《ぐる》しさ、はき気などをうったえる人が増加《ぞうか》する。

黄砂《こうさ》　モンゴルなど中国の黄土地帯《おうどちたい》でふきあげられた大量《たいりょう》の黄色い砂《さ》じんが空をおおい、ゆっくりと落ちてくる現象《げんしょう》。春などに、上空の偏西風《へんせいふう》に運ばれて日本にも達《たっ》し、黄色い砂《すな》で視界《しかい》がわるくなることもある。

降水確率《こうすいかくりつ》　6時間に1ミリメートル以上《いじょう》の雨または雪のふる可能性《かのうせい》を、10パーセントきざみで、0〜100パーセントとしてあらわしたもの。0、6、12、18時から6時間ごとの値《あたい》で発表される。

しぐれ　晩秋《ばんしゅう》から初冬《しょとう》にかけて、急にぱらぱらとふる小雨《こさめ》のこと。冬の季節風《きせつふう》がふきだすとき、よくみられる。

成層圏《せいそうけん》　大気圏《たいきけん》のうち、対流圏《たいりゅうけん》のうえにある高度約《やく》10〜50キロメートルの間のこと。ここでは、天気現象《てんきげんしょう》はほとんどないが、風がふいている。

対流圏《たいりゅうけん》　大気圏《たいきけん》のうち、地表から約《やく》10キロメートルまでの範囲《はんい》。ここでは日射《にっしゃ》によって対流《たいりゅう》を生じ、高さによって気温や気圧《きあつ》が変化《へんか》したり、水が循環《じゅんかん》したりして、天気の変化《へんか》がおこる。

特異日《とくいび》　一年のうちのある特定《とくてい》の日に、その前後にくらべて特定《とくてい》の天候《てんこう》があらわれやすいとき、その日を「特異日《とくいび》」という。11月3日の文化の日は晴れの特異日《とくいび》として有名で、過去《かこ》100年間の統計《とうけい》で、晴れる確率《かくりつ》が東京《とうきょう》で66パーセント、大《おお》阪《さか》で68パーセント。10月10日も、晴れの特異日《とくいび》。ほかに、6月28日は雨の特異日《とくいび》、9月17日と26日は強い台風がくる特異日《とくいび》などとなっている。なぜ、特異日《とくいび》があらわれるかは、気象学的《きしょうがくてき》には明らかでない。

ナタネ梅雨《づゆ》　3月半ばから4月にかけて、日本の南岸《なんがん》ぞいに低気圧《ていきあつ》が停滞《ていたい》して、関東《かんとう》より西の地域《ちいき》で雨の日がつづくこと。ナノハナの咲《さ》くころにあたるため、ナタネ梅雨《づゆ》とよばれる。「春の長雨《ながあめ》」ともいわれる。

夏日《なつび》・真夏日《まなつび》　一日の最高《さいこう》気温が25度以上《いじょう》になった日を「夏日《なつび》」、30度以上《いじょう》になった日を「真夏日《まなつび》」という。各《かく》地《ち》の1年間の真夏日《まなつび》の日数の平均《へいきん》は、沖縄《おきなわ》の那覇《なは》で85日、東京《とうきょう》で46

日、北海道の札幌《さっぽろ》で8日。

南岸低気圧《なんがんていきあつ》　本州の南岸《なんがん》またはその南方の海上で発生したり、発達《はったつ》したりする低気圧《ていきあつ》のこと。春先に発達《はったつ》するものが多く、日本列島《れっとう》を暴風雨《ぼうふうう》や暴風《ぼうふう》雪《せつ》にまきこむ。

初冠雪《はつかんせつ》　秋になって山の頂上《ちょうじょう》に雪がつもっているのを、平地の気象官署《きしょうかんしょ》（気象台《きしょうだい》や測候所《そっこうじょ》）から、はじめて見ること。

花ぐもり　サクラの花の咲《さ》くころ、空が一面にうすくもること。

ヒートアイランド現象《げんしょう》
都市部の気温は、道路

の舗装《ほそう》や冷暖房《れいだんぼう》などの人工熱《じんこうねつ》、自動車の排気《はいき》ガスなどで、周辺地域《しゅうへんちいき》より高温になっている。気温分布《ぶんぷ》では、熱《ねつ》の島（ヒートアイランド）のように見えるので、この名がついた。

ビル風 都市の高層《こうそう》ビルのまわりで、局地的《きょくちてき》に生じる強風や乱《みだ》れた風の流れ。ビルの形や周囲《しゅうい》の建物《たてもの》、道路の状《じょう》況《きょう》などにより、複雑《ふくざつ》な風の流れがつくられる。思わぬ強風がふきぬけ、人がふきとばされたり、街路樹《がいろじゅ》がなぎたおされたりすることもある。被害《ひがい》をふせぐために、防風《ぼうふう》ネットなどがはられているところもある。

二つ玉低気圧《だまていきあつ》 日本列島《れっとう》をはさんで、日本海と太平洋《たいへいよう》の沿岸《えんがん》にふたつの低気圧《ていきあつ》があること。これらがならんで北東にすすんで発達《はったつ》し、全国的に強い風雨をもたらすことがある。

冬日《ふゆび》・真冬日《まふゆび》 一日の最《さい》低《てい》気温が0度未満《みまん》の日を「冬日《ふゆび》」、最高《さいこう》気温が0度未満《みまん》の日を「真冬日《まふゆび》」という。各地《かくち》の1年間の冬日の日数は、平均《へいきん》すると沖縄《おきなわ》の那覇《なは》で0日、東京で10日、北海道の札幌《さっぽろ》で130日。

平年値《へいねんち》 最近《さいきん》30年間のデータを平均《へいきん》した値《あたい》をいう。２００１年から、１９７１～２０００年の平年値《へいねんち》を使っている。10年ごとに更新《こうしん》される。

もっと知りたい！

世界と日本の最低《さいてい》・最高記録《さいこうきろく》

日本の最低《さいてい》気温ってどのくらいだろう。最高《さいこう》気温は？　その差《さ》はなんと80度もある。世界に目を向けたら、その差《さ》はもっと大きくなる。気温のほかにも気圧《きあつ》、降水量《こうすいりょう》、降雪《こうせつ》量《りょう》などについても、最低《さいてい》・最《さい》高《こう》をしらべてみよう。

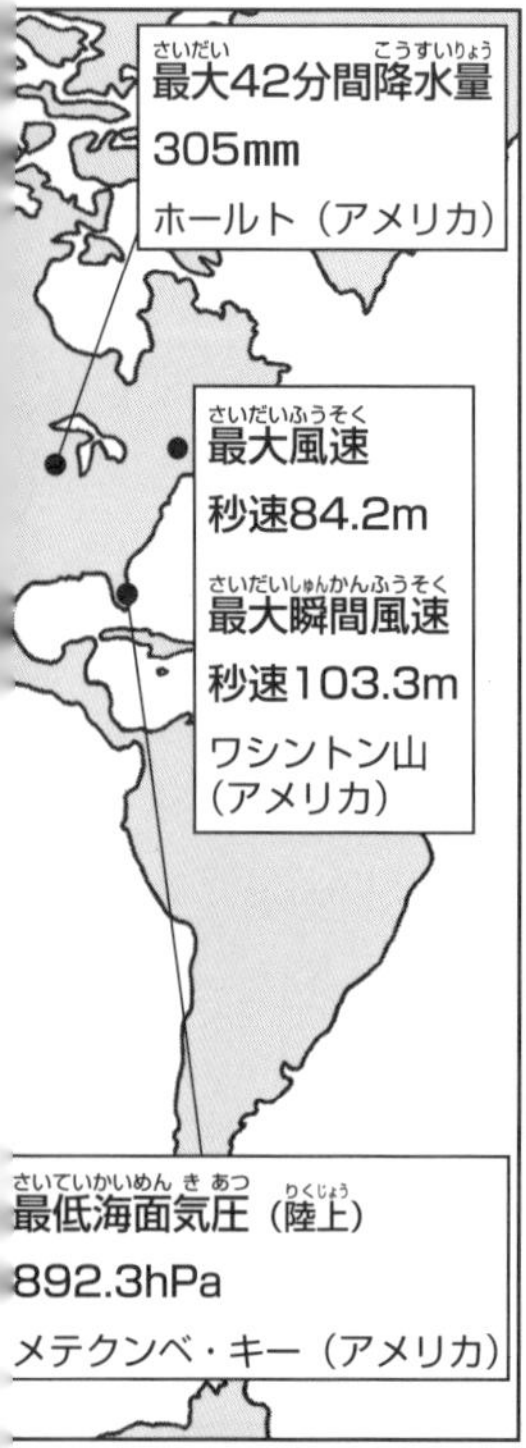

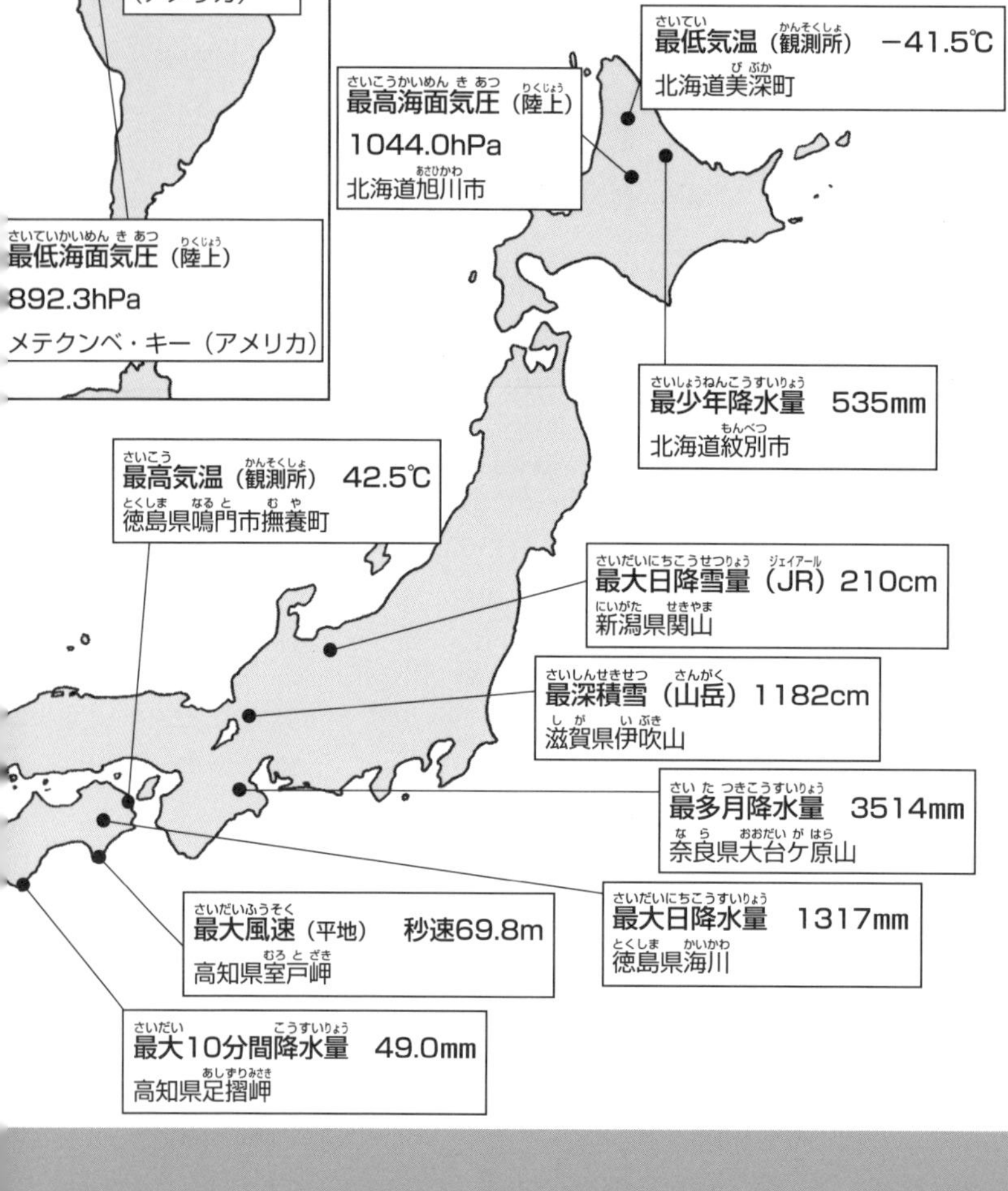

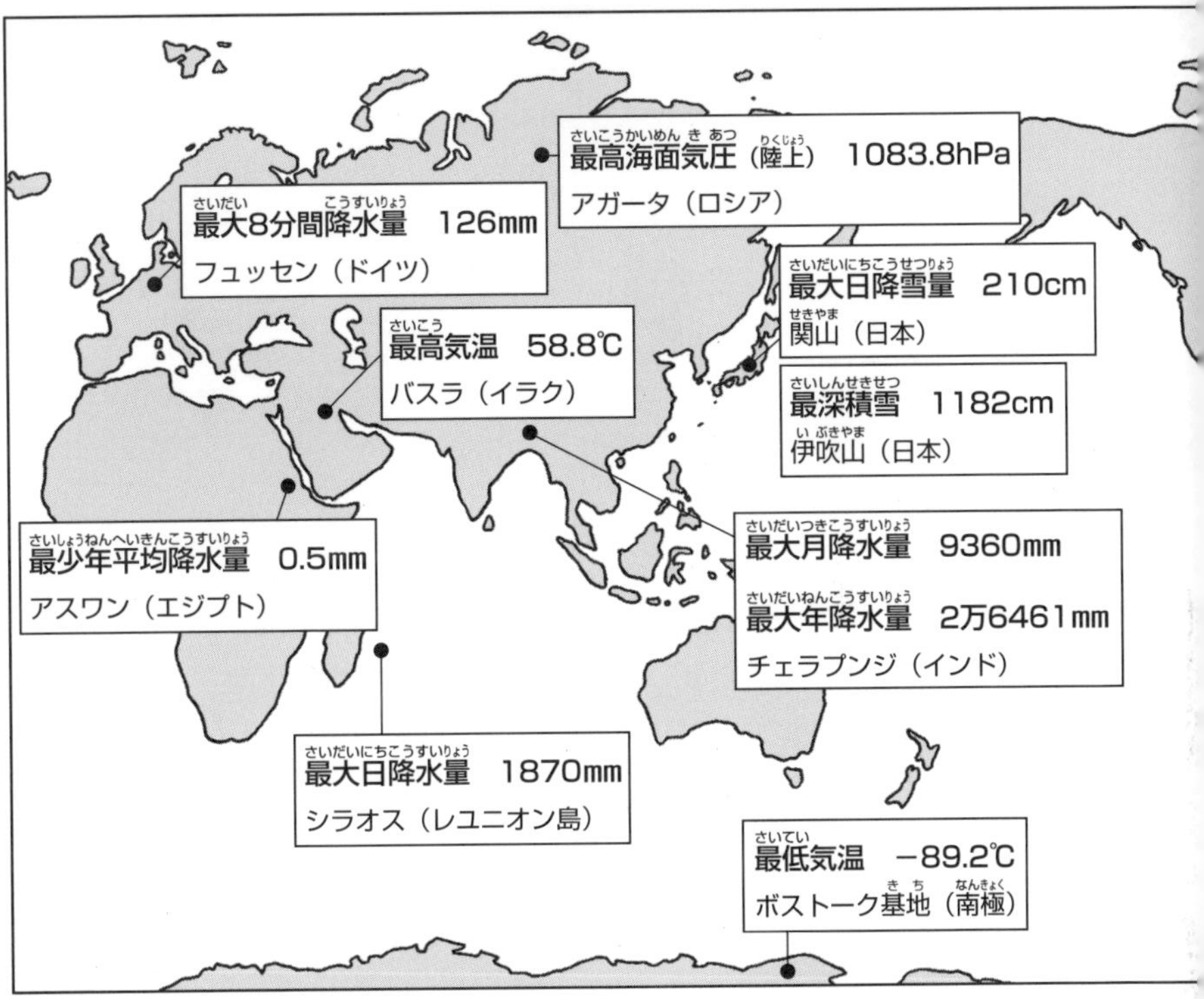

（気象業務支援《きしょうぎょうむしえん》センター編《へん》『気象年鑑《きしょうねんかん》』2003年版より）

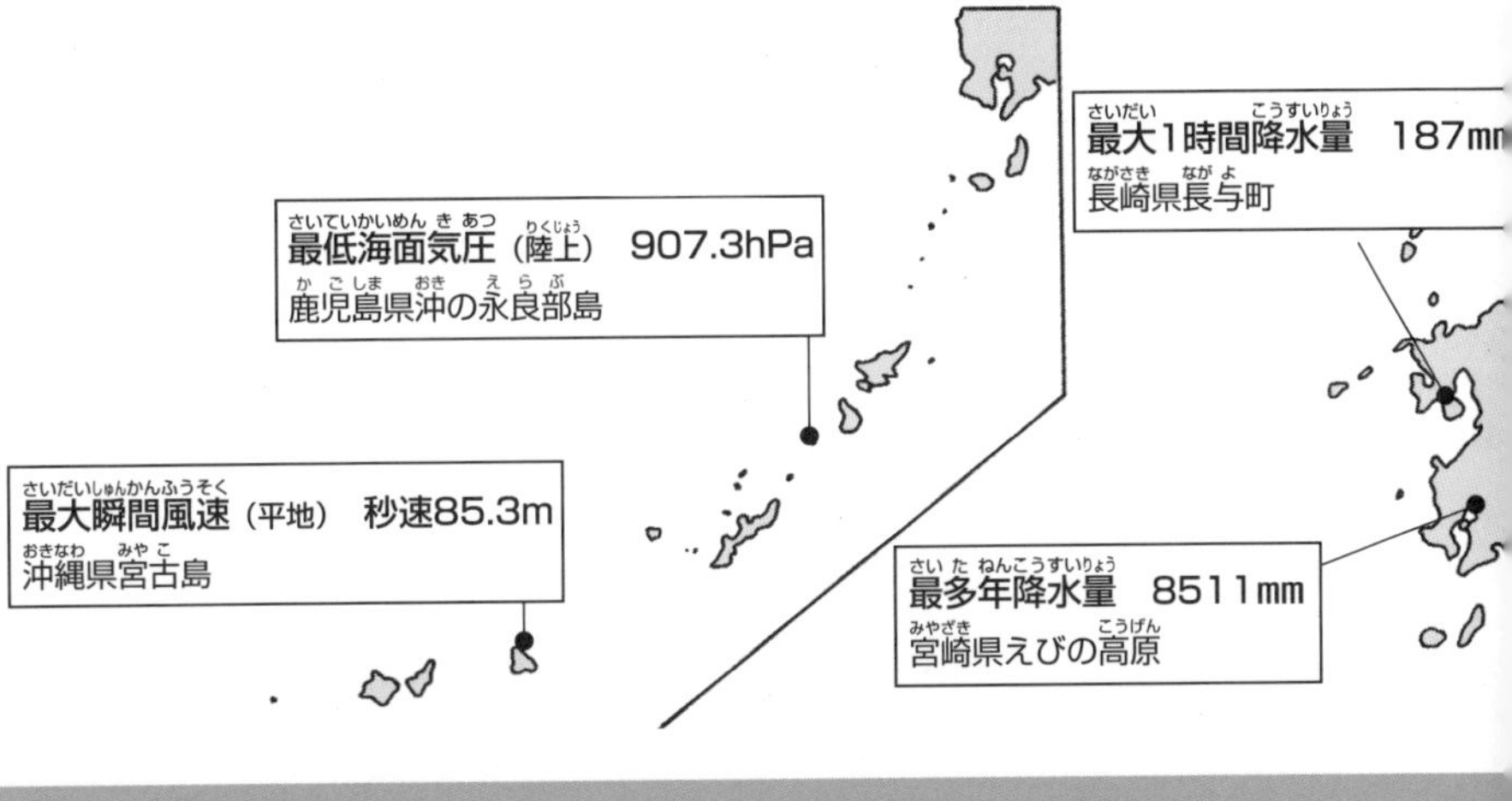

天気 達《たつ》人《じん》度《ど》チェック！

わしが、きみの「天気」達人度《たつじんど》を判定《はんてい》するぞ！
挑戦《ちょうせん》してみよう！

1 天気が「くもり」というのは、どのようなとき？

1 空の半分以上《いじょう》が雲のとき　**2** 空の7割《わり》以上《いじょう》が雲のとき　**3** 空の9割《わり》以上《いじょう》が雲のとき

2 気圧《きあつ》の単位《たんい》は、なんという？

1 ミリバール　**2** ヘクトパスカル　**3** リットル

3 ジェット気流《きりゅう》は、地上からどのくらいの高さのところをふいている？

1 1000m　**2** 1万m　**3** 2万m

4 フェーン現象《げんしょう》がおこると、どんな風がふく？

1 かわいた高温の強風　**2** しめった高温の強風　**3** かわいた低温《ていおん》の強風

5 気圧《きあつ》を最初《さいしょ》にはかった人は？

1 パスカル　**2** コロンブス　**3** トリチェリー

6 シベリア気団《きだん》は日本にどんな気候《きこう》をもたらす？

1 春の嵐《あらし》　**2** 冬の季節風《きせつふう》　**3** 梅雨《つゆ》

7 雲はなにからできている？

1 水や氷の粒《つぶ》　**2** 二酸化炭素《にさんかたんそ》　**3** 煙《けむり》

8 日本は1年間に平均《へいきん》してどのくらいの雨がふる？

1 1000mm　**2** 1500mm　**3** 1700mm

9 秋の長雨《ながあめ》のことを、なんという？

1 台風　**2** 秋《しゅう》りん　**3** 秋の梅雨《つゆ》

10 虹《にじ》は太陽の光がなににあたってできる？

1 飛行機雲《ひこうきぐも》　**2** 大気中の水滴《すいてき》　**3** 天の川

11 ひょうはどのくらいの大きさ？

1 直径《ちょっけい》3mm以上《いじょう》　**2** 直径《ちょっけい》5mm以上《いじょう》　**3** 直径《ちょっけい》1mm以上《いじょう》

12 熱帯低気圧《ねったいていきあつ》がどうなると台風というのか？

1 最大風速《さいだいふうそく》が毎秒17.2m以上《いじょう》になったとき　**2** 台風の目ができたとき　**3** 最低気圧《さいていきあつ》が960ヘクトパスカルになったとき

13 日本でたつまきがいちばんおこりやすいところは？

1 北海道　**2** 鹿児島《かごしま》県　**3** 沖縄《おきなわ》県

14 世界で最初《さいしょ》に天気図をつくった人は？

1 クニッピング　**2** ルベリエ　**3** ブランデス

15 地球の平均《へいきん》地上気温は、20世紀《せいき》の100年間でどのくらい上がった？

1 0.6℃　**2** 1℃　**3** 5℃

答えはつぎのページよ
きみの達人度《たつじんど》をおしえてあげるわ

天気 達《たつ》人《じん》度《ど》チェック！ 答えのページ

1 3　**空の9割《わり》以《い》上《じょう》が雲のとき**（8ページを見てみよう）　雲の量《りょう》が2〜8割《わり》のとき「晴れ」というのじゃ。

2 2　**ヘクトパスカル**（11、26ページを見てみよう）　以《い》前《ぜん》はミリバールとよんでいたが、1992年12月からヘクトパスカルにかわったのじゃ。

3 2　**1万m**（22ページを見てみよう）　ジェット気《き》流《りゅう》は、日本付《ふ》近《きん》では上空9000m〜1万2000mあたりを流れている。

4 1　**かわいた高温の強風**（24ページを見てみよう）　しめった風は山のいただきや尾《お》根《ね》をこえると、かわいた高温の強風となるのじゃ。

5 3　**トリチェリー**（26ページを見てみよう）　イタリア人の科学者トリチェリーが1643年に気《き》圧《あつ》をはかる方《ほう》法《ほう》を発見した。

6 2　**冬の季《き》節《せつ》風《ふう》**（33ページを見てみよう）　シベリア気《き》団《だん》は冷《つめ》たく乾《かん》燥《そう》している気《き》団《だん》で、日本に冬の季《き》節《せつ》風《ふう》をもたらす。

7 1　**水や氷の粒《つぶ》**（38ページを見てみよう）　水や氷の粒《つぶ》でできた雲の粒《つぶ》は、小さくて軽いので、空にうかんでいられるのじゃ。

8 3　**1700㎜**（57ページを見てみよう）　地球全体の１年間の平《へい》均《きん》降《こう》水《すい》量《りょう》は1000㎜だから、日本は多いほうじゃ。

9 2　**秋《しゅう》りん**（58ページを見てみよう）　8月の末《すえ》ごろから9月にかけて、本州付《ふ》近《きん》に前《ぜん》線《せん》が停《てい》滞《たい》して、雨がふりつづく。これが「秋《しゅう》りん」じゃ。

10 2　**大気中の水《すい》滴《てき》**（65ページを見てみよう）　虹《にじ》は、太陽の光が大気中にうかんでいる細かな水《すい》滴《てき》にあたったときにできるのじゃ。

11 2　**直径《ちょっけい》5㎜以上**（68ページを見てみよう）　直径《ちょっけい》5㎜より小さいものを「あられ」という。あられが大きくなって「ひょう」になる。

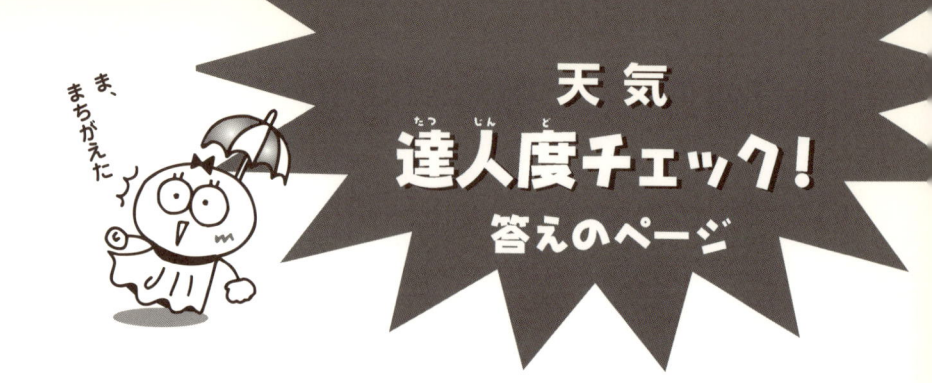

12　**1　最大風速《さいだいふうそく》が毎秒17.2m以上《いじょう》のとき**（72ページを見てみよう）　南の海で生まれた熱帯低気圧《ねったいていきあつ》は、中心付近《ふきん》の最大風速《さいだいふうそく》が毎秒17.2m以上《いじょう》になったとき、台風とよばれるようになるのじゃ。

13　**3　沖縄《おきなわ》県**（86ページを見てみよう）　気象庁《きしょうちょう》が1971年からとっている記録《きろく》によると、沖縄《おきなわ》県がもっとも多い。

14　**3　ブランデス**（102ページを見てみよう）　1820年にドイツの天文学《てんもんがく》者《しゃ》ブランデスによりつくられたのが最初《さいしょ》。

15　**1　0.6℃**（126ページを見てみよう）　たったの0.6℃でも、海面は10～20cmも上昇《じょうしょう》したのじゃ。

きみは何問正解《せいかい》だったかな？
正解《せいかい》の数で、きみの達人度《たつじんど》を
チェックしよう！

がんばれ！　0～5問

きみは、まだまだ天気の勉強がたりないようじゃな。この本を最初《さいしょ》から読みなおして、もう一度クイズにチャレンジしてみよう。

まだまだー！　6～10問

天気について、ちょっとはくわしいようじゃな。しかし、達人《たつじん》への道はまだまだ遠い。新聞の天気図やテレビの天気予報《よほう》を見て、研究してみよう。

もうちょっと！　11～14問

なかなかのものじゃ。しかし、天気の達人《たつじん》になるには、もう一歩。もっと上をめざして日々、気象観測《きしょうかんそく》をしてみることもたいせつなことじゃ。

おみごと！　15問

うーむ。すばらしい。きみはもう、りっぱな天気の達人《たつじん》じゃ。これをふみだいにして、もっと勉強をつめば、気象予《きしょうよ》報士《ほうし》になるのも夢《ゆめ》じゃないぞ。

台風……72,73,75
台風の一生……74
台風の上陸《じょうりく》……80
台風の進路……75
台風の被害《ひがい》……81
台風の目……76
だし……23
たつまき……85,86
谷風《たにかぜ》……19
地球温暖《おんだん》化《か》……126
注意報《ちゅういほう》……114
つむじ風……85
梅雨《つゆ》……54～57
低気圧《ていきあつ》……28,31,32
停滞前線《ていたいぜんせん》……34,54
天気雨《てんきあめ》……64
天気図……15,102,106,118
天気予報《よほう》……103,104,112,113,117
天候《てんこう》……116
等圧線《とうあつせん》……28
東京気象台《きしょうだい》……104
冬至《とうじ》……99
特異日《とくいび》……133
土用《どよう》……100
トリチェリー……26
トルネード……87

な

ナタネ梅雨《づゆ》……134
夏日《なつび》・真夏日《まなつび》……134
虹《にじ》……65
二十四節気《にじゅうしせっき》……96
二百十日《にひゃくとおか》……80,100
入道雲《にゅうどうぐも》……60
熱帯低気圧《ねったいていきあつ》……31,72
熱帯夜《ねったいや》……90

は

梅雨前線《ばいうぜんせん》……54,90
八十八夜《はちじゅうはちや》……100
ハリケーン……72
春一番《はるいちばん》……88
飛行機雲《ひこうきぐも》……47
百葉箱《ひゃくようばこ》……10
ひょう……68
ビル風……135
ヒートアイランド現象《げんしょう》……134
風向《ふうこう》……12
風速《ふうそく》……12
風力《ふうりょく》……12
風力階級表《ふうりょくかいきゅうひょう》……13
フェーン現象《げんしょう》……24
不快指数《ふかいしすう》……90
冬日《ふゆび》・真冬日《まふゆび》……135
ブランデス……102
閉塞前線《へいそくぜんせん》……34
偏西風《へんせいふう》……21,22
ぼたん雪……67

ま

メイストーム……89

や

山風《やまかぜ》……19
やませ……23
雪……66
雪板《ゆきいた》……14
雪尺《ゆきじゃく》……14
雪の結晶《けっしょう》……66
予報円《よほうえん》……84

ら

雷雨《らいう》……60
雷鳴《らいめい》……61,62
落雷《らくらい》……63
乱層雲《らんそううん》……45
陸風《りくかぜ》……19
ルベリエ……103

さくいん

あ

秋雨前線《あきさめぜんせん》……58,92
あられ……68
異常気象《いじょうきしょう》……132
移動性高気圧《いどうせいこうきあつ》……29,89
稲妻《いなずま》……61,62
いわし雲……50
ウィリアム・ダンピア……77
海風《うみかぜ》……19
雨量《うりょう》……14
エルニーニョ現象《げんしょう》……128
オゾンホール……122
温室効果《おんしつこうか》……126

か

火山の噴火《ふんか》……130
可視画像《かしがぞう》……110
花粉前線《かふんぜんせん》……88
雷《かみなり》……60,62,63
からっ風……95
空梅雨《からつゆ》……56
観天望気《かんてんぼうき》……36
寒波《かんぱ》……132
寒冷前線《かんれいぜんせん》……34
気圧《きあつ》……11,26
気温……9
気候《きこう》……116
気象観測《きしょうかんそく》……8
気象庁《きしょうちょう》……105
気象予報士《きしょうよほうし》……121
季節風《きせつふう》……20
気団《きだん》……33
局地風《きょくちふう》……23
霧《きり》……48
雲……38,40,41
啓蟄《けいちつ》……96
警報《けいほう》……114
巻雲《けんうん》……45
巻積雲《けんせきうん》……45
巻層雲《けんそううん》……45
光化学《こうかがく》スモッグ……132
高気圧《こうきあつ》……28,29,30
黄砂《こうさ》……133
降水確率《こうすいかくりつ》……133
降水量《こうすいりょう》……14
高積雲《こうせきうん》……45
高層雲《こうそううん》……45
高層天気図《こうそうてんきず》……107
紅葉前線《こうようぜんせん》……93
木枯《こが》らし1号……93
小春日和《こはるびより》……94

さ

サイクロン……72
サクラ前線《ぜんせん》……88
雑節《ざっせつ》……100
三寒四温《さんかんしおん》……88
酸性雨《さんせいう》……124
ジェット気流《きりゅう》……22
10種雲形《しゅうんけい》……44
湿度《しつど》……10
霜《しも》……69
集中豪雨《しゅうちゅうごうう》……59
秋分《しゅうぶん》……98
秋《しゅう》りん……58,92
春分《しゅんぶん》……96
数値予報《すうちよほう》……84
生物季節観測《せいぶつきせつかんそく》……111
積雲《せきうん》……45
赤外画像《せきがいがぞう》……110
積乱雲《せきらんうん》……45,60
節分《せつぶん》……100
層雲《そううん》……45
層積雲《そうせきうん》……45

た

大寒《だいかん》……99

監修者紹介

武田康男（たけだ やすお）

1960年、東京都生まれ。東北大学理学部地球物理学科卒業。現在、高等学校教諭。気象予報士。小学校のころから、空や写真に興味をもち、これまでにたくさんの「空」に関する写真を撮影してきた。著書に『空の色と光の図鑑』（草思社、共著）、『雲のかお』（小学館）、『空を見る』（筑摩書房、共著）などがある。

●装丁・キャラクターイラスト

伊東ぢゅん子

●本文イラスト

出雲公三、あすみ きり

●写真協力

武田康男、気象庁、（財）日本気象協会、宇宙航空研究開発機構

●編集協力

オフィス・ゆう

これだけは知っておきたい（12）

天気の大常識

発　行　2004年7月　第1刷©

　　　　2007年10月　第3刷

【監修】武田康男（たけだ やすお）

【 文 】吉田忠正（よしだ ただまさ）、河野美智子（かわの みちこ）

【発行者】坂井宏先　【編集】小桜浩子

【発行所】株式会社ポプラ社

〒160-8565　東京都新宿区大京町22-1

電話　03-3357-2212（営業）　03-3357-2216（編集）

　　　0120-666-553（お客様相談室）

FAX　03-3359-2359（ご注文）

インターネットホームページ　http://www.poplar.co.jp

【印刷所】瞬報社写真印刷株式会社

【製本所】株式会社難波製本

ISBN978-4-591-08197-6　N.D.C.450／143P／22cm

Printed in Japan

●落丁本、乱丁本は送料小社負担でお取り替えいたします。ご面倒でも小社お客様相談室宛ご連絡ください。

受付時間は月～金曜日、9:00～18:00（ただし祝祭日は除く）

●みなさんのおたよりをお待ちしております。いただいたおたよりは編集局から著者にお渡しいたします。

フェレル循環
ハドレー循環
オホーツク海気団
冷たく、しめっている
小笠原気団
暖かく、しめっている
低気圧
1020ヘクトパスカル
高気圧
1008ヘクトパスカル
ちゃんと見える
見えない
ピカッと光って、ゴロゴロと鳴るまでの時間が5秒だと、5×340mで、家までの距離は1700mだ。
台風
ハリケーン
サイクロン